高校艺术研究论著丛刊
College Treatise Series in Art

弘扬求是精神，打造学术研究精品
提升创新能力，促进学术交流发展

环境艺术设计的影响因素与表达手段

Huanjing Yishu Sheji De
Yingxiang Yinsu Yu Biaoda Shouduan

张丹萍　著

中国书籍出版社
China Book Press

图书在版编目（CIP）数据

环境艺术设计的影响因素与表达手段 / 张丹萍著 .—
北京：中国书籍出版社，2016.1
ISBN 978-7-5068-5372-9

Ⅰ.①环… Ⅱ.①张… Ⅲ.①环境设计 – 研究
Ⅳ.① TU-856

中国版本图书馆 CIP 数据核字（2016）第 017958 号

环境艺术设计的影响因素与表达手段

张丹萍　著

丛书策划	谭　鹏　武　斌
责任编辑	成晓春
责任印制	孙马飞　马　芝
封面设计	马静静
出版发行	中国书籍出版社
地　　址	北京市丰台区三路居路 97 号（邮编：100073）
电　　话	（010）52257143（总编室）　（010）52257140（发行部）
电子邮箱	chinabp@vip.sina.com
经　　销	全国新华书店
印　　刷	三河市铭浩彩色印装有限公司
开　　本	710 毫米 ×1000 毫米 1/16
印　　张	16.5
字　　数	265 千字
版　　次	2017 年 1 月第 1 版　2017 年 1 月第 1 次印刷
书　　号	ISBN 978-7-5068-5372-9
定　　价	52.50 元

版权所有翻印必究

前　言

　　环境艺术设计是一门新兴的学科，它与建筑学、城市规划学有着密切的联系，是艺术设计学科的一个重要分支。"环境艺术设计"可以理解为用艺术的方式和手段对建筑内部和外部及其周围环境进行规划、设计的活动。建筑是环境空间中的主体，也是环境艺术的载体，因此，建筑学与环境艺术的关系极为密切，也可以说，环境艺术设计是建筑学的延伸。

　　进入 21 世纪以来，社会的发展对环境艺术设计提出了越来越高的要求，这也是现代文明城市建设的题中之义。纵观全球环境艺术设计的发展，传统的城市设计、建筑设计方法已经很难满足当前的社会现实。尤其是面临着越来越严重的环境问题，人们必须找寻一个以生态为首要目标，同时兼顾设计美学的环境艺术设计之路，因此，这一学科越来越受到人们的关注。

　　《环境艺术设计的影响因素与表达手段》正是在这样的背景下应运而生的。本书从不同方面论述了影响环境设计的多种因素，同时将环境艺术设计的基本方法和表达手段做了比较完整的阐释。全书共有六章内容：第一章是概述性内容，主要包括环境艺术设计的概念、特征、风格流派，这些内容是初窥该学科的门径；第二章至第四章分别从环境艺术设计的主客体因素、思维因素和空间因素进行展开，着重论述与环境艺术设计相关的影响要素；第五章和第六章从环境艺术设计的方法和表达技法入手，论述环境艺术设计的一般规律，这些内容具有较强的现实指导意义。

　　本书的撰写突出了以下几方面的特点。第一，理论是基础。全书以环境艺术设计的基本理论为重点内容，本着循序渐进的原则，由浅入深加以展开。第二，理论联系实际，注重实用性。

环境艺术设计的发展历程经历了较长的时间,其中的一些理论成果和设计案例已经不同于当今现实情况,因而本书删减了这些实用价值不大的内容,以最新的理论成果为基础,具有前瞻性特征。第三,整体结构完善,理论方法与具体案例相结合。本书的整体结构以环境艺术设计的一般方法和规律为基础,又有针对性地举出了具体案例,力争做到图文并茂、深入浅出。

  本书在撰写过程中,得到了许多专家和同仁的指导与帮助,在此一并表示感谢。书中参考了一些相关著作的研究成果,引用部分未能一一注明的,敬请谅解。

  由于本人水平有限、时间仓促,疏漏之处在所难免,敬请各位专家和读者批评指正,以便在日后修改完善。

作者
2015 年 10 月

目 录

第一章　环境艺术设计理论基础……………………………… 1
 第一节　环境艺术与环境艺术设计……………………… 1
 第二节　环境艺术设计的特征…………………………… 30
 第三节　环境艺术设计的风格流派……………………… 34

第二章　环境艺术设计的主客体因素——设计师与设计材料 48
 第一节　环境艺术设计师的职责及素养………………… 48
 第二节　环境与材料的关系……………………………… 55
 第三节　设计材料的种类、特点及应用………………… 59

第三章　环境艺术设计的思维因素——形式法则及思维方法 88
 第一节　环境艺术设计的形态要素……………………… 88
 第二节　环境艺术设计的形式法则……………………… 102
 第三节　环境艺术设计的思维方法……………………… 114

第四章　环境艺术设计的空间影响因素……………………… 120
 第一节　环境艺术设计的空间尺度……………………… 120
 第二节　环境艺术设计的空间形态……………………… 147
 第三节　环境艺术设计的空间组织……………………… 169

第五章　环境艺术设计的一般方法…………………………… 178
 第一节　环境艺术设计的程序…………………………… 178
 第二节　环境艺术设计的任务分析……………………… 190

第六章　环境艺术设计的表达技法…………………………… 203
 第一节　环境艺术设计的工程制图……………………… 203

第二节　环境艺术设计的手绘表现……………………… 220
第三节　环境艺术设计方案的模型制作……………… 244
参考文献……………………………………………… 254

第一章 环境艺术设计理论基础

环境艺术设计是根据建筑和空间环境的使用性质、所处环境和相应标准，运用物质技术手段和美学原理，创造满足人们的物质及精神需求的室内外空间环境。它始终和人的要求联系在一起，而其实现又与工程技术密切相关，是科技与艺术的统一体。

第一节 环境艺术与环境艺术设计

一、环境与环境艺术设计的概念

"环境"一词在《新华字典》里被定义为"周围一切事物"。英文里"环境"对应的有 surrounding 和 environment 两个词，两者都指一个人四周的生活环境，但后者更强调环境对人的感受、道德及观念的影响，而不仅仅是客观物质存在。本书中所讨论的"环境"应指围绕我们四周的、人们赖以生活和居住的环境。因此，环境艺术设计关注的是人的活动环境场所的组织、布局、结构、功能和审美，以及这些场所为人使用和被人体验的方式，其目的是提高人类居住环境的质量。经过规划的人居环境往往组织规范空间、体量、表面和实体，它们的材料、色彩和质感，以及自然方面的要素如光与影、水和空气、植物，或者抽象要素如空间等级、比例、尺度等等，以获得一个令人愉悦的美感（图1-1）。许多环境艺术设计作品还同时具有社会、文化的象征意义。简而言之，环境艺术设计是针对人居环境的规划、设计、管理、保护和更新的艺术。

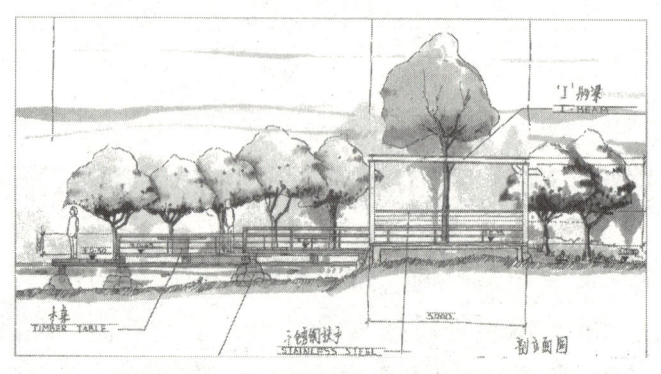

图 1-1　令人获得愉悦美感的环境

环境艺术设计是指环境艺术工程的空间规划和艺术构想方案的综合计划，其中包括了环境与设施计划、空间与装饰计划、造型与构造计划、材料与色彩计划、采光与布光计划、使用功能与审美功能的计划等，其表现手法也是多种多样的。①

二、环境艺术设计的相关学科

环境设计涉及的主要学科有室内设计、建筑学、城市设计、景观学、人机工程学、行为学、环境心理学、艺术学、技术美学、工程技术、家具与陈设等学科。此外，现代环境艺术设计不仅涉及艺术与技术两大方面，还与社会学科密切相关。多种学科的交叉与融会，共同构成了外延广阔、内涵丰富的环境艺术。其相关学科的关系如图1-2所示。

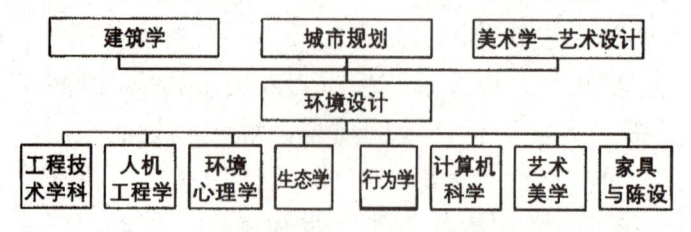

图 1-2　环境艺术设计与相关学科及关系

---

① 著名的环境艺术理论家多伯解释道：环境设计"作为一种艺术，它比建筑更巨大，比规划更广泛，比工程更富有感情。这是一种爱管闲事的艺术，无所不包的艺术，早已被传统所瞩目的艺术。环境艺术的实践与影响环境的能力，赋予环境视觉上秩序的能力，以及提高、装饰人存在领域的能力是紧密地联系在一起的"。

三、环境艺术设计的原则

环境艺术设计具有场所性、尺度人性化、使用者参与和整体设计以及可持续性等原则。

（一）场所性原则

所谓场所，是被社会活动激活并赋予了适宜行为的文化涵义的空间。[①]一个场所除了分享一些人所共知的社会背景和引导人的共性的行为外，还具有其独特性，没有两个场所是相同的，即使这两个场所看上去多么的相似。这种独特性源自每个场所位于的不同的具体位置及该场所与其他社会的、空间的要素的关联。尽管如此，场所与场所之间仍然在物质上或精神意念上紧密相连。此外，场所还有历史，有过去、现在和未来。场所随其所蕴含的场地、文化等背景信息一同生长、繁荣、凋萎。[②]

综上可知，场所艺术不仅指物质实体、空间外壳这些可见的部分，还包括不可见的但是确实在对人起作用的部分，如氛围、活动范围、声、光、电、热、风、雨、云等，它们是作用于人的视觉、听觉、触觉和心理、生理、物理等方面的诸多因素。一个好的物质空间是一个好的场所的基础，但不是充分条件。环境设计的目的不仅仅是创造一个好的物质空间，更是一个好的精神场所，即给人以场所感；场所感包括经验认知[③]和情感认

---

① 场所和空间的不同之处在于，场所在具有空间特征之外，还蕴涵着社会和文化的价值。所以我们生活、栖居于各类场所中，而非单纯的空间里。只有当一个空间被赋予一定的意义和秩序，它才能成为一个场所。场所通过提供或明或暗的各种线索以组织、规范我们合适的社会行为。例如人们在学术会议上宣读论文时是不会唱歌或跳舞的，尽管报告厅和剧场在物理空间上有不少相似之处。
② 周锐.新编设计概论[M].上海：上海人民美术出版社，2011
③ 经验认知是对空间整体感、方位感、方向感、领域感的认知，是对整体形象特征的清晰把握。它包括空间道路的组织和走向，范围和主体轮廓线，建筑与空间，标志性建筑，步行空间的导向性，环境小品的细节等。

· 3 ·

知[①]。(《城市规划资料集》)形成"场所感"的关键问题是,经营位置和有效地利用自然和人文的各种材料和手段(如光线、阴影、声音、地形、历史典故等),形成这一环境特有的性格特征。因此,环境艺术设计就是建造场所的艺术。

图 1-3 扬州古运河畔

(二)尺度[②]人性化原则

现代城市中的高楼大厦、巨型多功能综合体、快速交通网,往往缺乏细部,背离人的尺度。今天我们建成的很多场所和产品并不能像它们应该做到的那样,很好地服务于使用者,使其感觉舒适。相反,在现今的建成环境里,我们总是不断地受累于超尺度、不适宜的街道景观、建筑以及交通方式等等。很多人在未经过多现代设计和发展的历史古城里流连忘返,就是因为古城提供了一系列我们当代设计所未能给予的质量,其中的核心便是亲切宜人的尺度。江南水乡、皖南民居和欧洲中世纪的古城如威尼斯等,是人性化的尺度在环境设计上成功的典范。同样,平易近人的街巷尺度赋予了法国首都巴黎、瑞士首都伯尔尼在现代化的同时保留了无比的魅力。

---

① 情感认知是对空间美感、文化感、历史感、特色感、亲和感、归属感的认知,如扬州古运河畔。空间环境和形象规划设计上要满足艺术的美学特征,同时要保留历史的演变,保持自身特色,精益求精。
② 尺度不同于尺寸。尺寸是客观地度量出来的,而尺度(或尺度感)是主观的度量,即人所具有的感受,不是具体的尺寸。

第一章　环境艺术设计理论基础

图1-4　瑞士伯尔尼老城的街巷

（三）使用者参与和整体设计的原则

1. 使用者参与的原则

环境是为人所使用的，设计与使用的积极互动有助于提升环境艺术设计的质量。[①] 从某种程度上讲，建成环境从本质上应提供给使用者民主的氛围，通过最大的选择性为使用者创造丰富的选择机会，以鼓励使用者的互动参与，这样的环境才具有活力，才能引起使用者的共鸣。因此，我们的环境设计不仅为机动车交通的使用者提供方便，也要为步行者提供适宜的场所，而后者直接体现在人性化的尺度和氛围里。

2. 整体设计的原则

环境艺术设计，特别是城市公共环境设计，其使用者应包括各类人士、社会各阶层的成员，特别应关注长久以来被忽视的弱势群体。我国目前已进入老年社会，同时拥有基数庞大的残障人士。所以环境艺术的设计既要考虑到正常人的便利、舒适、体贴，还要考虑到使用这些环境的特殊人群，如残障人士、

---

① 一方面，环境艺术设计要创造的是一个具有吸引力的令人舒适、愉悦的场所；另一方面，使用者的参与进一步影响着环境设计和建成空间的使用。例如，在公共空间中是活动本身成为活动进行的最重要的支持，人们去那儿接触其他的人。这种活动的公共性直接影响了设计师的思路和建成环境的管理使用模式。

老年人和儿童。①

整体设计包含并且拓展的这一目标。整体设计服务于与环境相联系的所有设计原则。

（四）可持续性原则

20世纪初开始，英文里的environment（环境）一词通常用于表达"自然环境"或"生态环境"的语意，指人类及其他生物赖以生存的生物圈。关注这个自然环境的设计时常被称为环境设计。所以环境（艺术）设计也因此常被误解为"（生态）环境设计"，反之亦然。这种情形于新兴的环境艺术设计专业来说是限制亦是机会。②

一直以来，有关对（生态）环境的关注或设计被认为是环境专家或专门研究环境的设计师的事，有的认为这需要造价昂贵的新技术支持，有的干脆认为这是一种"风格"而予以抗拒。事实上，可持续设计不是一种风格，不应华而不实，而是一种对设计实践系统化的管理和方法，以达到良好的环境评价标准。从空间布局到环境细部，可持续设计无处不在。传统的村落依山傍水，结合利用地形地势，民居建筑对当地气候的适应，都是人类有意或无意地利用可持续设计原则的范例。每一个设计师必须拥有可持续设计的常识和态度。原则性地理解可持续设计才能使科技与设计互通有无，相互支持。

正如许多设计领域正在努力适应生态、环境的要求这一新情况，如浙江民居，环境（艺术）设计可以从一开始就接纳这一新概念，并引领一个可持续发展的时代。

---

① 世界设计联盟在1995年就提出了"整体设计"的立场文件："最初的消除障碍以方便残疾人的概念是无意的，但是这些概念欢迎为每一个人的利益改善环境。"
② 一方面,作为设计学科里的一个分支,明确的定义和工作范畴是必要的;另一方面,生态的、环境的设计毫无疑问地正在渗入所有的设计领域并成为设计界关注的焦点。

图1-5 浙江民居

四、环境艺术设计的类别划分

环境艺术设计与人们的生活、生产、出行和游憩息息相关，具体有如下几个类别。

（一）室内环境设计

室内环境设计，也称室内设计，即以创新的四维空间模式进行的艺术创作，是围绕建筑物内部空间而进行的环境艺术设计。室内设计是根据空间使用性质和所处的环境，运用物质技术手段，创造出功能合理、舒适美观、符合人的生理和心理要求的理想场所的空间设计，旨在使人们在生活、居住、工作的室内环境空间中得到心理、视觉上的和谐与满足。室内设计的关键在于塑造室内空间的总体艺术氛围，从概念到方案，从方案到施工，从平面到空间，从装修到陈设等一系列环节，融会构成一个符合现代功能和审美要求的高度统一的整体。

1. 室内环境设计的特点

室内的空间构造和环境系统，是设计功能系统的主要组成部分，建筑是构成室内空间的本体。室内设计是从建筑设计延伸出来的一个独立门类，是发生在建筑内部的设计与创作，始终受到建筑的制约。因此，室内环境设计必须依据建筑物的使用性质、所处环境和相应的标准运用物质技术手段，创造出功能合理、舒适优美、满足人们精神和生活需要，又不危及生态环境的室内空间。

空间限定的基本形态有多种：一是围，创造了基本形态；二是覆盖，垂直限定高度小于限定度；三是凸起，有地面和顶部上、下凸起两种；四是与凸起相反的下凹；五是肌理，用不同材质抽象限定；六是设置，是产生视觉空间的主要形态。

室内设计中，空间实体主要是建筑的界面。界面的效果由人在空间的流动中形成的不同视觉感受来体现，界面的艺术表现以人的主观时间延续来实现。

2. 室内环境设计的任务

室内环境艺术设计的任务主要有以下三个：

（1）室内环境设计要体现"以人为中心"的设计原则，体现人体工程学的规律，满足人生活与工作和心理的需求。"满足"包含"适应"和"创造"双重含义，一种需求满足后，新的需求会随之产生，它需要在掌握现有需求信息的基础上对潜在需求进行合理科学的推断、预测，以满足潜在的需求愿望。因此，创造需求包含丰富的可能性、可预见性、前瞻性。

（2）室内环境设计要科学、合理地组织、分配空间，将室内环境尺度、比例导向与形态进行周密的安排，考虑空间与环境的关系。为达到建筑功能的目标，正确地使用物质要素在原始空间未经加工的自然空间和原有空间中进行领域的设置。

（3）把功能与形式很好地统一在一起，塑造出室内空间的整体艺术氛围。在实体设计中，要从美学角度考虑地面、梁柱、门窗、家具等方面的布置，还包括布幔、地毯、灯具、花卉植物和艺术品的陈设等问题；而在虚体空间设计中，要精心考虑所有空间的组合以及心理、艺术方面的效果，使室内环境既具有使用价值，同时也反映历史文脉建筑风格、环境气氛等多种效应。

3. 室内空间设计

室内空间设计，就是运用空间限定的各种手法进行空间形态的塑造，是对墙、顶和地六面体或多面体空间形式进行合理分割，如图1-6所示。常见的空间形态包括：具有较强内向性、安全性与私密性的封闭空间；具有较强外向性、界面通透的开敞空间；具有起景、高潮、结景与过渡运动连续产生感觉的动态空间；适应公共活动的综合性、多功能的共享空间；无完备隔离形态、意象限定性的虚拟空间；局部下沉或抬高而产生的下沉空间；轻盈、高爽、灵活悬吊的磁浮空间等。

图1-6 室内空间设计

4. 室内装修设计

室内装修设计，是指对建筑物空间围合实体的界面进行修饰、处理，采用各类物质材料、技术手段和美学原理，达到既提高建筑的使用功能，营造建筑的艺术效果，又起保护建筑物作用的工艺技术设计。室内装修设计主要包括：一是天棚装修，又称"顶棚"或"天花"的装修设计，起一定的装饰、光线反射作用，具有保湿、隔热、隔音的效果。图1-7所示是家居展示大厅中顶棚的立体化装修设计，既有装饰效果又有物理功能；二是隔断装修，是垂直分隔室内空间的非承重构件装置，一般采用轻质材料，如胶合板、金属皮、磨砂玻璃、钙塑板、石膏板、木料和金属构件等制作；三是墙面装修，既为保护墙体结构，又为满足使用和审美要求而对墙体表面进行装饰处理；四是地面装修，常用水泥砂浆抹面，用水磨石、地砖、石料、塑料、木地板等对地面基层进行的饰面处理。

图 1-7 展示大厅棚顶的立体化装修设计

另外，还有门窗、梁柱等也在装修设计范畴之内，如图 1-8 和图 1-9 所示分别为室内梁柱和室内顶部的设计。

图 1-8 室内梁柱设计　　　　图 1-9 室内顶部的设计

5. 室内装饰、陈设设计

室内装饰、陈设设计，是对建筑物内部各表面造型、色彩、用料的设计和加工，包括对家具、铺物、帷幔、陈设品、门窗及设备的布置和设计。图 1-10 所示为室内环境的陈设与装饰设计，是根据空间的性质，创造适宜的环境和一定的艺术效果。室内物品陈设属于装饰范围，包括艺术品（如壁画、壁挂、雕塑和装饰工艺品陈列等）、灯具、绿化等方面。

图 1-10　室内装饰与陈设设计

6. 室内物理环境设计

室内物理环境设计，包括对室内的总体感受、气候、采光、通风、照明、温湿调节等进行设计，也属室内装修设计的设备设施范围。如图 1-11 所示为室内的采光与绿化设计，即属于物理环境设计。

图 1-11　室内物理环境设计

（二）建筑环境设计

建筑是建筑物与构筑物的统称。建筑是人们用泥土、砖、瓦、石材、木材，以及钢筋混凝土、型材等建筑材料构成的一种供人居住和使用的空间，如住宅房屋、公共建筑、寺庙碑塔、桥梁隧道等。

1. 建筑环境设计的特点

（1）实用和审美特征

建筑环境是体现人工性特点的生活空间，它从根本上提供了人的居住、活动场所。这是最现实也是最基本的特点。人类居住、活动最具实用性的需求首先是坚固、耐用和历久弥新，并且它紧紧联系着建筑本身的美观。现代人更需要愉悦、舒适，它的形式美驱动的审美反应，使建筑在内外装饰、平面布局、立面安排、空间序列确立起美的形式语言，以满足人们精神上的需要。如图1-12所示，从上海中环广场甲级办公楼建筑的设计中，可见实用和审美的双重价值，这是建筑设计的本质特征。

图1-12 上海中环广场甲级办公楼建筑的设计

（2）技术性特征

这种技术性在本质上不同于其他艺术所指的"技巧"，而是一种科学性的概念。每一个时代都是根据特定的技术水平来建筑的，科学技术的进步为建筑艺术的发展提供了可能。现代工程学已经树立起一百多年前根本无法想象的建筑方法，当今城市空间的立体化环境设计技术的崛起，明显地给建筑设计带来了一个区别于其他艺术的重要表征。如图1-13所示的场馆设计，就是充分体现高度科学技术的代表性建筑。

图 1-13　2008 年国家场馆建筑设计

(3) 建筑物与自然环境的紧密相连

建筑物始终与一定的自然环境不可分离。建筑一经落成，就成为人类环境中的一个硬质实体，同时一定的人文景观也影响建筑风貌。如图 1-14 所示，在依山傍水的希腊小岛滨海宅区的建筑群中可以见到，任何一座建筑的设计都必须考虑到它的背景，以适应公众对整个环境的评价。建筑的艺术性要求使建筑与周围的环境互相配合，融为一体，构成特定的以建筑为主体的艺术环境。

图 1-14　希腊小岛滨海住宅群

(4) 建筑的物质性和精神性

建筑的物质功能，可以找到最基本的量化特点，但建筑的精神功能，如何得到一个量化的衡量标准呢？这就像音乐或抽象造型那样，也许只可意会不可言传，你可以体会和感受它，但很难用语言表达清楚。因为建筑设计的过程本身，曾包含着

环境艺术设计的影响因素与表达手段

大量的各种层次的模糊标准。建筑艺术形象具有很大的抽象性，虽然不能直接反映生活，但其内容和形式上所展现的风格，却可以揭示出一定时代和一定社会的心理情绪、审美理想和时代精神，包含着深刻的历史因素。如图1-15所示，中银舱体楼，具有堆砌式的艺术风格；如图1-16所示，饱经沧桑的千灯镇传统建筑，洋溢着中国地域文化的历史文脉。①

图1-15　中银舱体楼　　　图1-16　饱经沧桑的千灯镇传统建筑

2. 建筑环境设计的内容

建筑环境的设计包括三方面的内容，即建筑设计、结构设计和设备设计，见表1-1。

表1-1　建筑环境设计的内容

内容类别	内容总结
建筑设计	在总体规划的前提下，根据建设任务要求和工程技术条件进行房屋的空间组合设计和细部设计，并以建筑设计图的形式表示出来。建筑设计一般由建筑师来完成。

---

① 此外，欧洲人把建筑比喻为"石刻的史书"。弗·劳·赖特说："建筑基本上是全人类文献中最伟大的记录，也是时代地域和人的最忠实的记录。"([美]弗·劳·赖特：《论建筑》)意大利著名建筑学家布鲁诺·赛维指出："建筑的特性——使它与所有其他艺术区别开来的特征——就在于它所使用的是一种将人包围在内的三度空间'语汇'……建筑像一座巨大的空心雕刻品，人可以进入其中并在行进中来感受它的效果。"([意]布鲁诺·赛维：《建筑空间论》)

第一章　环境艺术设计理论基础

续表

内容类别	内容总结
结构设计	主要任务是配合建筑设计选择切实可行的结构方案，进行结构构件的计算和设计，并用结构设计图表示。结构设计通常由结构工程师完成。
设备设计	指建筑物的给排水、采暖、通风和电气照明等方面的设计。这些设计是由有关的工程师配合建筑设计完成，并分别以水、暖、电等设计图表示。

这三个方面的工作既有分工，又密切配合，形成一个整体。

3. 建筑环境设计的依据

对于建筑环境设计来说，人体工程学是其主要依据。另外，家具、设备尺寸及使用它们所需活动空间尺寸，是考虑房间内部面积的主要依据。

此外，温度、湿度、日照、雨雪、风向、风速地形、地质条件和地震烈度以及水文条件等一些物理数据也是设计的重要依据。

4. 建筑设计的使用目的

建筑设计的使用目的包括民用和工业两种。

（1）民用

民用建筑，是供人们生活居住和非生产活动建筑的综合，包括居住建筑和公共建筑两大类。居住建筑包括公寓、宿舍和民居、小区、别墅等，图1-17所示为住宅小区。

图1-17　住宅小区

公共建筑包括教科文建筑、医疗建筑、观演建筑、体育建筑、交通通信建筑、商业服务建筑、行政办公建筑、园林建筑等，图1-18所示为2008世界十大高层建筑之一阿联酋迪拜塔。公共建筑还包括纪念性建筑、宗教建筑、宫殿式建筑以及陵墓建筑等。

图1-18　阿联酋迪拜塔

（2）工业

工业建筑，是供工业生产所用的建筑物的统称，包括各类厂房和车间以及相应的建筑设施，还包括仓库、高炉、烟囱、栈桥、水塔、电站和动力站以及其他辅助设施等，图1-19所示为2008设计建设中的工业用房。

图1-19　工业用房

5. 建筑设计的层高等级

这类建筑，一是住宅建筑：低层1～3层、多层4～6层、中高层7～9层、高层10～30层；二是公共、综合性建筑，

第一章　环境艺术设计理论基础

总高度在24米以下的建筑物为非高层建筑，反之为高层建筑（不包括超过24米的单层建筑）。建筑物高度大于100米时，无论住宅或公共建筑均称之为超高层建筑。高层建筑是按国际统一规定，超过一定高度层数的建筑。高层建筑共分为四大类，如表1-2所示。

表1-2　高层建筑类别

类别	层数	米数要求
第一类	9～16层	最高50米
第二类	17～25层	最高75米
第三类	26～40层	最高为100米
第四类（超高层建筑）	40层以上	高于100米

图1-20所示为世界2008年建成的十大高层建筑之一，上海金茂大厦。

图1-20　上海金茂大厦

6. 建筑环境设计的风格

建筑环境设计风格是指建筑设计的对象空间作为在其中生活的个人和社会群体的规范和象征时，使得参与设计规划这一空间的主体的观念形态强烈地反映在建筑空间上所形成的设计风格。

建筑环境设计的风格受以下两个因素的影响：

第一，建筑设计风格的形成与人们的审美心理有关。自从脱离原始穴居生活后，人们不断提高对居住环境的要求，随之而来的是按照自己的审美心理来设计居所，并由此衍生出后来的各种形式的建筑类型和外表。这是建筑设计风格形成的纵向原因，且具有时代性，能够看到建筑设计风格在同一特色及内涵下发生的渐变，如图1-21所示。①

图 1-21　新古典主义风格在国外和国内都受到推崇

第二，建筑环境设计风格的形成受地域文化的影响，这是建筑设计风格形成的横向原因。常可以见到，即使是同一时间段的建筑设计风格也会产生差异，因为审美理念的差异和地域的差距而十分明显，不同地区的审美心理不尽相同，当作用于建筑设计时，就呈现出各种各样的风格样式。例如，北方的民居风格厚重朴实，江南民居风格则轻灵俊秀，徽派民居风格婉转悠扬，各具特色。在具体设计实践中，这对改变式样单一、千篇一律的建筑设计现象非常有效。

---

① 例如，从我国古典建筑形式来看，由于封建等级观念限制，建筑形式讲究"制"。北京的紫禁城贵为天子所居，其制式和规格都是至高无上的，颜色选用金、明黄、红及汉白玉基座的白色这样几种庄重的基色，凸显一种"黄红金"的高贵色调，这种特定的审美心理限制出特定的建筑设计风格。而发展到20世纪前半期，建筑设计常用强烈的直线形态，忠实于机械产业制品形象的审美心理。当代建筑设计则大胆采用仿生的、有机的曲线形态，这与当代审美观的变迁基本一致。

第一章　环境艺术设计理论基础

图 1-22　中国江南一带传统民居风格

建筑设计风格中展现出来的文化艺术性，是建筑师以特定的方式、形态展现不同时期社会进步与发展的历史特征。现代建筑设计需要表达对技术、材料、功能的真实性需求，以及与建筑环境的融合。在把握当代建筑设计风格的同时，研究本土文化，创作出具有本土风格与时代气息结合的建筑作品。现代建筑设计的发展趋势，是创造更多满足人的情感与人的真实需要相平衡的东西，因为建筑设计发展到今天，人们的注意力已经从建筑本身越来越多地转向与建筑相关的环境。

（三）城市规划设计

城市是人类物质条件发展到一定阶段的产物。现代城市规划研究城市的未来发展、城市的合理布局和城市各项工程建设的综合方案，是一定时期内城市发展的蓝图，是城市管理的重要组成部分，是城市建设和管理的依据，也是城市规划、城市建设、城市运行三个阶段管理的龙头。

1. 城市规划设计的内容

（1）城市总体规划

总体规划，是对城市各项发展建设目标的整体策划和建筑环境的整体布局。包括规划城市性质、人口规模和用地范围，拟定工业、民居、文教、行政、道路、广场、交通、环境保护、园林绿地、商业服务、给水排水、电力通信等公共设施的建设规模及其标准与要求；确定城市布局和用地的配置，使之各得其所、互补发展、充分发挥综合效能。城市规划还应注意保护和改善城市的生态环境，防止污染和公害，保护历史文化遗产、城市传统风貌、地方特色和自然景观。

城市总体规划的中心内容是城市发展依据的论证，城市发展方向的确定，人口规模的预测，城市规划定额指标的选定，城市征地的计划，城市布局形式与功能分区的确立，城市道路系统与交通设施的规模，城市工程管线设计，城市活动及主要公共设施的位置规划，城市园林绿地系统的规划，城市防震抗灾规划，市郊及旧城区的改造规划，城市开放空间规划以及近期建设及总投资估算，实施规划的步骤和措施等。另外，总体规划的内容须附有相应的设计图纸、图表与文件资料。总体规划是一项长远的为合理开发奠定基础的系统工程。

今天，我国的经济取得了高速的发展，开始步入了国际化的轨道，城市得以快速发展，这为城市规划艺术提供了极佳的发展契机。从珠江之畔的广州到祖国的首都北京，从"东方明珠"上海到历史古都西安，在很短的时间内城市面貌发生了巨大的变化。无论是广场街市、园林绿地、室内外门廊、水景喷泉、泛光照明等方面，还是人们的生活空间，都与视觉感受越来越密切，从而越来越引人注目了。

（2）城市设计

城市设计是将城市规划设计的目标具体化，是从城市体型、空间和环境质量等方面入手，着重城市视觉景观与环境行为，直接通过营造环节，落实空间的意向设计及景观政策。通常建筑单体构成不能全面顾及城市环境的整体层次，而城市规划又仅仅从经济区域的布面出发，着重在城市土地开发利用的行政性控制管理上。两者间的偏离和分化往往导致城市环境的危机，而现代的环境设计弥补了这一空缺。

（3）城市详细规划设计

城市详细规划设计是根据总体规划的各项原则，对近期建设的工厂、住宅、交通设施、市政工程、公用事业、园林绿化、文教卫生、商业网点和其他公共设施作具体的布置，以作为城市各项工程设计的依据，规划范围可整体、分区或分段进行。其具体内容有居住区内部的布局结构与道路系统、各单位或群体方案的确定、人口规模的估算、对原建筑的拆迁计划与安排、公共建筑、绿地和停车场的布置，各级道路断面、标志及其旁侧建筑、红线的划定；市政工程管理线、工程构筑物项目的位置及走向布置，竖向规划及综合建筑投资估算等。

2. 城市规划的布局及趋向

规划的布局形式，是城市建成的平面形状及内部功能结构和道路系统的组织形态，各地不尽相同。影响城市形式的构成有多种因素，包括地理环境、资源开发、历史文化、城市性质与规划建设的实施。根据城市平面形状的基本形状特征，城市形式大致可归纳成块状、带状、环状、串联状、组团状、星座状及对称和辐射的布局。

城市的中心区是市民活动集散的枢纽。显性结构的中心区规划，有四周向中心辐合和由中心向四周辐射的秩序，具有强烈的交汇与平衡作用；隐性结构的中心区规划，具有文化中心、娱乐中心、体育中心、交流中心、饮食服务中心、商业中心或购物中心的功能。城市中心的规划趋向，如表1-3所示。

表1-3 城市中心的规划趋向

趋向类别	趋向表现与内容阐释
立体化规划	人、车分流，组织主体化的交通，建筑组合上的空间层次；地下、地面、架空的垂直向度上展开。
步行化规划	是对人与交通矛盾激化的规划方式，包括小规模开放空间如"公共空地"和"袖珍公园"、公共绿地、步游道、步行街、地下步行街、高架步行空间等。

（四）景观设计

1. 景观与景观设计的含义

景观作为一种地表景象或综合自然地理区，或是一种类型单位的通称，泛指自然景色。而城市景观可概括为人工景观和人造自然景观两大类。人工景观诸如建筑物、构筑物及街道、广场、城市雕塑等，如图1-23所示；人造自然景观诸如中国古典园林、大地艺术等，如图1-24所示。

图1-23 巴黎景观

图1-24 云南哀牢山梯田

景观设计是一门保持和创造人及其活动与其周围的自然世界和谐关系的艺术的科学。景观设计的主题是实现人居的人性化景观设计。例如我国传统文化对人与自然的关系，遵循的是"天人合一"思想。其设计的思想可概括为"取其自然、顺其自然"。所以中国古代建筑、山水园林设计都非常自然生动，如同中国的山水画，人在其中"可观、可游、可行、可居"，"景观因观景而生情"，如图1-25所示的苏州拙政园。

第一章 环境艺术设计理论基础

图 1-25 苏州拙政园

2. 景观设计的特征

（1）景观设计的形成特征

景观设计的形成特征主要表现在两个方面：

其一，在其综合特征上，景观设计的构成元素比较丰富，所涉及的知识领域也非常宽泛，是一个由多种空间环境要素和设计表现要素相互补充和协调的综合设计整体。

其二，其形成特征含有长期性和复杂性。室外环境景观设计要受到城市总体规划设计的制约，一些规模较大的景观设计从开始到基本形成，需要较长的时间。[①]

时间作为第四空间维度，在整个景观设计与建设中起着重要的作用。同时，景观设计的诸多要素都是特定的自然、经济、文化、生活、管理体制的产物，处理和整合它们之间的关系有一定的复杂性。所以，从一套景观设计方案形成到项目实施完成，有其特殊行业的复杂特性。

（2）景观设计的文化特征

景观设计是一个民族、一个时代的科学技术与文化精神的综合体现，也是生活在现实生活中的人们的生活方式、意识形态和价值观念的真实写照。[②]

[①] 设计美国纽约中央公园的奥姆斯特德曾说："这是如此巨大的一幅图画，需要几代人共同绘制。"
[②] 一位著名的芬兰建筑师曾说："让我看看你的城市，我就能说出这个城市的居民在文化上的追求是什么。"

环境艺术设计的影响因素与表达手段

　　景观设计的文化特征具体体现在其思想性、地域性和时代性这三个方面。

　　景观设计的思想性是指一个国家的文化思想在景观设计中的体现。比如，中国儒家哲学所强调的"礼"学思想和中国封建社会的秩序、等级观念，在中国古代的建筑和城市规划中都有所体现。受儒家思想影响的景观设计一般都表现出严格的空间秩序感和对称的形式理念，如北京的故宫（图1-26）、四合院的建筑设计和空间布局（图1-27）。又如，中国的道家思想至今还在影响着当代的城市景观设计以及设计师们对设计理论的不断思考。道家思想的核心是"天人合一"观，追求的是人与自然的和谐统一。中国园林景观设计中的"巧于因借，精在体宜""相地合宜，构园得体"等设计思想都是道家"天人合一"哲学思想的具体体现和延伸。所以说，景观设计中的思想性是其文化特征中的核心部分。

图1-26　故宫

图1-27　四合院

第一章　环境艺术设计理论基础

　　景观设计的地域性特征体现在其所反映的不同地区存在的不同景观形态与人文特性上。景观设计应根据不同地域、不同民族风俗、不同宗教信仰来研究景观的设计形态构成，要体现出景观本土特征与外部环境的独特个性的表现语言，在精神风貌上展示出自己的文化气质与品位。当前很多国家和城市的景观设计都给人以"似曾相识"的感觉，地域性的景观文化被全球一体化的错误设计观念所冲击，这种以自我文化特质的消失来换取对别人设计成果的盲从跟风的景观设计，势必会使城市的景观设计在技术堆砌和复制中迷失自我、丧失个性。

　　景观设计的时代性特征主要体现在以下几个方面：

　　第一，景观设计应当随时代的发展而发展。今天的景观设计是为普通百姓服务的，而不是像古代的园林景观专为皇亲国戚、官宦富贾等少数统治阶层所享用（图1-28和图1-29）。现代的景观设计强调的是人与景观环境的互动交流，在设计上应充分体现人性化的关怀和亲和力。

图 1-28　承德避暑山庄

图 1-29　颐和园

第二，景观设计要引入当今社会的先进科技成果。现如今，先进的施工技术和高科技含量的新型施工材料，已经打破了传统园林景观所采用的天然材质和单一的施工技术表现形式，科学技术的进步给景观设计提供了充分表现自己独特魅力的设计舞台，极大地增强了景观的艺术表现力。

第三，景观设计思想由过去的单一注重园林设计审美，提高到对生态性、环保性、可持续性设计思想的认识，把景观设计的重点放在提高人类生存环境质量的高度，见图1-30。

图1-30　德国慕尼黑奥林匹克公园

（3）景观设计的功能性特征

景观环境是人类生存与生活的基本空间，景观形态的功能性与形式性是人类生理功能与视觉审美功能所要求的。其功能性特征体现在景观设计是为室外环境的构成而提供物质条件的，如广场、庭院等。人们生活和行走在城市街道中，需要能够集会、散步、游戏、静坐、眺望、交谈、游园、野餐等舒适的景观环境，而景观设计正是满足这一功能的具体形态物质。

（4）景观设计的形式性特征

形式性特征则体现在景观设计的审美性上。景观设计不仅要赋予景观环境以功能性，还要使生活在真实空间环境的审美主体（人）在享受和流连于景观环境中时，能得到视觉和心灵的美感体验与满足，这也是"以人为本"设计原则的具体体现。景观外部形态设计形式的处理与表现，能真实地反映出设计师驾驭设计形式语言的能力和水平。所以说，景观设计只有将功能与形式完美地结合，才具有鲜活的生命，才能实现人们对景观环境的美好期盼。

（五）公共艺术设计

1. 公共空间与公共艺术设计内涵

公共空间指的是具有开放和公开特质的、由公众自由参与和认同的公共性空间。公共艺术设计正是这种公共开放空间中的艺术创作与相应的环境设计。公共艺术是多样介质构成的艺术性景观、设施及其他公开展示的艺术形式，如广场设施、城市雕塑、户外壁画、公共纪念碑等。

公共艺术设计中的"公共"所针对的是生活中人和人赖以生存的环境，包括自然生态环境和人文社会环境。公共艺术设计的特征首先是艺术的公共性，前提是对人的尊重，同时也意味着公共艺术与人的心灵沟通和交流。公众可以接近、感知、体验和参与公共艺术，以满足人们的心理与生理需求。同时公共艺术设计可以在感知和情感等方面提供更多的开放性信息，以实现公共艺术与人的良好互动，并且公共艺术直接或潜移默化地影响和改变着人们的文化观念和审美模式。其次是空间的公共性，公共艺术存在于公共空间当中，即在空间上必须以一种公共方式存在。如同样一件雕塑作品放置在私人空间当中和公共空间当中，它的属性是不一致的，放置在私人空间当中便不能称为公共艺术。因此，凡是放置在公共空间的一切艺术品都可以算作是公共艺术。

2. 公共艺术设计的形式

公共艺术设计的范围很广，从人文角度来对公共艺术进行归纳，艺术形式上包括雕塑、绘画、摄影、广告、电子影像、表演、音乐直至园艺等形式；艺术功能上包括点缀性、纪念性、休闲性、实用性、游乐性直至庆典活动等公共艺术；展示内容上可由平面到立体、壁画到空间、室内到室外、直至地景艺术等；

制作材料涉及的范围就更为广泛了。结合环境景观设计，从视觉实体形态的特点出发，公共艺术可划分为城市雕塑、城市照明、城市壁画和城市装饰围栏四种形式。

（1）城市雕塑

城市雕塑，是雕塑艺术的延伸，也称为景观雕塑、环境雕塑。无论是纪念碑雕塑或建筑群的雕塑和广场、公园、小区绿地以及街道间、建筑物前的城市雕塑，都已成为现代城市人文景观的重要组成部分。城市雕塑设计，是城市环境意识的强化设计，雕塑家的工作不只局限于某一雕塑本身，而是从塑造雕塑到塑造空间，创造一个有意义的场所、一个优美的城市环境。如图1-31所示的大禹治水雕像，就渲染了这偌大的人文环境。城市雕塑要达到这种创造、优化空间的目标，离不开对环境意识的提炼、合宜的环境母题的凝成、场所空间的组织营造、场所空间特色的刻画和渲染。

图1-31 大禹治水雕像

（2）城市照明

伴随着城市经济的起飞，灯光文化，已成为城市中一道亮丽的风景线，闪烁人心。人们走出家门，走向精彩的不夜之城。照明不再是单纯的工具需要，而发展成为集城市照明、装饰环境于一体的公共景观艺术，成为创造、点缀城市空间的重要因素。照明，改变了城市面貌，成为精神文明的镜子。

城市空间照明包括交通照明、广场照明、庭院照明、水下照明及建筑形体照明，具体可将其归纳为功能照明与装饰照明两大类型。路灯，有高杆路灯、中型柱灯、低位柱灯、步行与散步道路灯和干道路灯；广场照明，有交通和人流两种类型，常采用路灯、地灯、水池灯、霓虹灯以及艺术灯相结合的方式，有些处于交通枢纽地段的广场，也常设置高柱的塔灯等；庭院灯，一般采用低调方式，灯具造型简洁雅致，令人舒坦、轻松，如园林灯、草坪灯、水池灯等。其他还有多彩的霓虹灯、缤纷的电子广告灯、奇特的艺术造型灯、传统的串灯等多种形式。

图1-32 街道路灯

（3）城市壁画

现代壁画[1]，是与建筑共存的一种城市景观。它附属在建筑的特定部位，使一道墙、一顶天棚成为一道城市的公共景观线。随着城市公共事业的发展，壁画被人们视为公共艺术、环境艺术而登堂入室。它不只是单纯的一幅画，而是一种艺术的形态，它的体格和含量，绝非个人抒情小品的"自我表现"形式所能比拟的。

新材料与新技术的运用，是城市壁画的一大特色。现代城市壁画体现出两种趋向：一是挖掘传统材料的内在品质，探索新的表现手法，如利用中国画、油画、丙烯、磨漆等多种类型，与工艺技术结合；二是打破原来的专业壁垒，设计师、建筑师、雕塑家偕同参与，开发新材料。其中，天然材料包括黏土、石料、木料、毛绒、麻线等；人工材料包括铜、铁、不锈钢、铅、铝合金、

---

[1] 关于城市壁画，我们可以从《简明不列颠百科全书》中得到解释，"壁画(Mara Lpaiming)是装饰建筑物墙壁和天花板的绘画"。

玻璃、塑料、陶瓷、马赛克、水泥、纤维、纺织品等。

（4）城市装饰围栏

围栏艺术，反映了城市人群的理想和追求，是人们精神世界的影像。游客可通过围栏文化窥测这个城市在想什么和要什么，可以了解这个城市的历史和变迁，并预测城市的进步和未来。城市装饰围栏，具有围范、分隔空间、组织疏导人流的作用，还具有强烈的装饰性，犹如音乐中的五线谱，环绕着宾馆、园林、运动场、文化中心、学校、宅区等各种公共场所，组成了协调的音符群。

装饰围栏可分为：建筑体装饰围栏、绿化带装饰围栏和场体行道围栏。

其中，建筑体装饰围栏一般依附于建筑物，用来遮蔽和装饰空间，有单体建筑结合的窗体、阳台围栏和建筑外环境的墙式围栏等；绿化带装饰围栏，是一种人造的自然景观，起净化空气和消除噪声的作用，包括广场绿化带、人行道绿化带、休闲角绿化带、滨河绿化带等；场体行道围栏则是网球场、足球场、游泳场、溜冰场、果林场、动物集养场等露天公共场所的外围与装饰设置，一般多采用金属、石料和水泥等材料制成。

第二节　环境艺术设计的特征

一、文化特征

环境艺术设计首先具有文化的特征。环境是人的情绪与情感的调节器，充满生活情趣的环境，可使人们在情感上得到愉快与满足。环境充满生活气息，成为喜闻乐见、愿意逗留的生活空间。为达到这种目的，环境必须与人们的日常生活接近，

第一章 环境艺术设计理论基础

有较小的心理距离，联系方便，尺度与设施使人感到亲切。①

环境艺术和其他造型艺术一样，有它自身的组织结构，表现为一定的肌理和质地，具有一定的形态和性状，传达一定的情感信息，容纳一定的社会、文化、地域、民俗的含义，具有它特有的自然属性和社会属性，适用于科学、哲学和艺术的综合。

自然属性，指环境构成要素中包括的物理元素，如阳光空气以及建筑材料的肌理质地等。而社会属性则是人为的，也称之为"情感属性"，它以有形的和无形的两种形态产生刺激作用，通过人们的了解和认同，进入人的主观世界，构成意义，产生情绪和情感体验，有形的因素成为显性元素，多以明示和引导的方式起作用；无形的因素（词语、社会规范、风俗民情等）称为隐性元素，多以隐喻和暗示的方式起作用。

二、形式特征

环境艺术设计的形式特性表现为，通过直觉体验到的环境所具有的外在造型的色彩、形态、肌理、尺度、方位和表情等方面的构成特性。它与功能特性有着相辅相成的本质联系。外在造型形式是环境设计功能形式信息的最直接的媒介，它的产生受到实用功能的制约，同时又对认知功能的形成具有重要作用。

形态的创造离不开材料和技术手段，形态创造的过程，是变化与统一、韵律与节奏、主从与呼应、速度与均衡、对比与协调、比例与尺度、比拟与联想等多种造型手法联合完成信息传达目的的过程。如图 1-33 所示，在上海 2010 年世博会环境景观设计中，充分展示了现代材料和技术、艺术手段的良好结合，把比例与尺度、比拟与联想发挥得淋漓尽致。如在环境设计中，动物、植物等具象形态形成亲切、自然的信息传达效果；

---

① 人与环境的关系，具有双重性的特点。人与环境的相互作用是一种创造和被创造的关系，人设计、创造了环境，环境又以潜移默化和暗示的方式反作用于人，使人在环境的熏陶下被塑造。所以，环境应以正诱导对人进行影响，使人从环境中得到有意义的启迪，丰富形象的象征与联想，产生民族的认同，进而从中获得满足。

木材的天然材质通过手工加工工艺产生朴拙、柔和之美，会给人一种浑然天成的亲切感；正方体和直线构成的几何抽象形态与金属材料光洁、滑爽的肌理和机器加工技术形成的精致、秩序，能够传达出环境空间冷静、理性的视觉印象。

图 1-33　上海世博会环境景观设计

三、动态特征

环境设计中的动态空间，并不是局限于人和物产生相对位移——真动，而应包括视觉对象所表现的一种力的倾向性运动，即势态，一种引起视觉张力的运动，属于静物所显示的、引起运动认知的"似动"。格式塔心理学认为：艺术形式与我们的感觉，理智和情感生活所具有运动态形式是同构形式。物理世界表现的力和心理以及生理表现出的力是相互感应的，因此，一切图形都可以用力的图式作分析。力是有方向、有大小和有着力点的，而形式所表现的力，也具有这三个特征。

环境艺术设计的动态特征，具体表现在其导向性、矢向性、诱发性、流动性、延伸性、节律性、序列性、虚渺性、变异性和期待性几个方面上，见表 1-4。

表 1-4　环境艺术设计动态特征的表现

表现方面	含义阐释
导向性	具有线性的方向诱导，通过明示或暗示手段使人向指示方向运动。
矢向性	力的作用方向，造成心理场和心理流向某一方向运动，无明确休止点。

续表

表现方面	含义阐释
诱发性	借用景物,进行好奇驱力、完形压强、意义追踪、情绪唤醒、视觉探寻等心理倾向调动。
流动性	景物具有的平滑性、流畅性、自由运动、不受较大的阻力和他物的牵制干扰。
延伸性	由近到远、由小到大、由内到外,向纵横发展,向远方流动,透视线消失于一点。
节律性	节律和韵律属于历时性,连续地进行,具有高潮迭起的阶段性的特征。
序列性	相互邻接,前后相随,顺次展开,循序渐进。
虚渺性	随知觉产生互逆、过渡、联想等心理运动,在虚无缥缈中形成生动的视觉形象。
变异性	含义、形态、合成元素的可变性、互动性,所谓运动,是一个姿态到另一个姿态的转变。
期待性	由于目标期待而产生的不平衡,形成张力,目的地未表达,心理流不止。

四、综合性特征

环境设计的综合性特征体现在多种效益状态的一体化,包括社会效益[①]、经济效益[②]和环境效益[③]。它们常常互为条件,互为因果,在环境设计中,必须同时强调这三个效益的统一性。

环境的艺术设计是创造一个人造的空间,其根本目的是为了人能健康、愉快、舒适、安全地生活。社会从低级向高级发展,而生物群落维系生存的基本条件是自然生态平衡。21世纪城市环境设计的主要目标应是在高科技条件下,向高层次的生态城市迈进。

---

① 社会效益偏重于环境所起到的人的精神方面、社会道德秩序方面、社会安定与安全方面的效益。
② 经济效益偏重于用经济杠杆衡量经济价值的高低,投资、经营、维护、再开发、土地利用和经济效益等方面的效益。
③ 环境效益则偏重于生态保护、防止公害、治理污染、改善物理环境和创造居住的舒适环境等方面的效益。

第三节 环境艺术设计的风格流派

一、何为风格流派

风格即艺术作品的艺术特色和个性；流派指学术方面的派别。环境艺术设计的风格与流派，是不同时代的思潮和地域环境特质，通过艺术创造与表现，而逐渐发展成为的具有代表性的环境设计形式。因此，每一种典型风格和流派的形成，莫不与当时、当地的自然环境和人文条件息息相关，其中尤以民族性、文化潮流、风俗、宗教和气候物产等因素密切相联，同时也受到材料、工程技术、经济条件的影响和制约。

在设计中把握环境艺术作品的特色和个性，使科学与艺术有机结合，时代感和历史文脉并重，这便是多元时代应有的格局。

二、风格流派形成的条件

（一）地理环境的影响

不同的地理条件、气候环境造就了各式各样的建筑类型。如中国各民族和各地域不同环境的民居形式，构成了多样的建筑风格（图 1-34 至图 1-37）。

图 1-34 新疆民居　　图 1-35 重庆吊脚楼

第一章 环境艺术设计理论基础

图 1-36 北京四合院　　图 1-37 云南竹楼

世界各地不同气候环境造就了各式各样的建筑类型，见图 1-38 至图 1-41。

图 1-38 德国民居　　图 1-39 埃及土屋

图 1-40 芬兰民居　　图 1-41 北极冰屋

（二）工程技术与材料的影响

每一种新构造技术、新材料的出现与使用，都演绎出新的环境艺术风格。

· 35 ·

1. 古代建筑的工程技术与材料

结构是建筑的骨架，承受全部负荷，为建筑创造合乎使用的空间。

（1）中国式木构架（图1-42）、斗栱结构（图1-43）。

图1-42　中国式木构架　　　　图1-43　斗栱结构

（2）罗马的拱券结构（图1-44）、哥特教堂的拱肋结构（图1-45）。

图1-44　罗马的拱券结构　　　图1-45　哥特教堂的拱肋结构

2. 现代建筑的工程技术与材料

（1）框架结构

由梁和柱形成受力结构骨架的结构体系，常见的是钢筋混凝土框架结构（图1-46）。

图1-46　钢筋混凝土框架结构

（2）网架结构

网架结构由有限的杆件系统组成的一种大跨度空间结构形式（图1-47）。

图1-47　网架结构

（3）悬索结构

悬索结构是利用张拉的钢索来承受荷载的一种柔性结构，具有跨度大、自重轻等特点（图1-48）。

（4）薄壳结构

壳体是屋面与承重功能合一的面系曲板结构（图1-49）。

（5）充气结构

充气结构是利用膜材、人造纤维或金属薄片等材料内部充气来支撑建筑的结构形式（图1-50）。

环境艺术设计的影响因素与表达手段

图 1-48　悬索结构

图 1-49　薄壳结构

图 1-50　充气结构

（三）文化传承的影响

历史的发展、宗教信仰、文化传统造就了东西方不同的环境艺术特色。

第一章　环境艺术设计理论基础

1. 东方传统木构造建筑体系

中国独特的木构造建筑体系，代表了东方典型的传统样式，见图 1-51 至图 1-54。

图 1-51　宫殿

图 1-52　园林

图 1-53　佛寺

图 1-54 塔刹

2. 西方传统石构造建筑体系

源于古希腊、古罗马的石构造建筑体系，代表了西方典型的传统样式，见图 1-55 至图 1-58。

图 1-55 古希腊帕提农神庙

图 1-56 古罗马城堡

第一章　环境艺术设计理论基础

图 1-57　罗马角斗场

图 1-58　凯旋门

三、环境艺术设计的风格流派划分

（一）现代主义

1. 抽象美学的诞生

抽象美学的诞生源于工业革命带来的巨变。工业社会以前，建筑多因袭传统式样。19世纪以后，随着建筑创作活跃，传统的建筑观和审美观因已适应不了时代的要求，而成了建筑进一步发展的枷锁。社会进步节奏的加快和对创新的追求，促进了建筑向现代化迈进。

1851年，"第一个现代建筑"诞生，它是采用铁架构件和玻璃装配的伦敦国际博览会水晶宫。埃菲尔铁塔（图1-59），这座全部用铁构造的328米高的巨形结构是工程史上的奇观，是现代的美、工业化时代的美。抽象美学伴随着科学技术进步和社会发展的要求而形成，它从一开始就带有明显的开拓性。[①]

图1-59 埃菲尔铁塔

2. 现代主义的几何抽象性

20世纪初，伴随着钢筋混凝土框架结构技术的出现、玻璃等新型材料的大量应用，现代主义的风格应运而生。抽象、简洁，而且强调功能，追求建筑的空间感。钢结构、玻璃盒子的摩天楼将人们的艺术想象力从石砌建筑的重压下解放出来，以不可逆转的势头打破了地域和文化的制约，造就了风靡全球的"国际式"的现代风格。[②]

这一时期，抽象艺术流派十分活跃，如立体主义、构成主义、

[①] 如果说人类文明自存在以来只有过一次变化的话，那就是工业革命。全新的材料、全新的社会关系、全新的哲学在这个新的时代里层出不穷，全新建筑的出现也就不奇怪了。如果说工业革命前的建筑学是"考古建筑学"，工业革命后的建筑学就是"技术建筑学"，是围绕着技术的进步展开的。从水晶宫的建成到第一次世界大战这段时间，各种各样的全新风格的建筑纷纷崭露头角。

[②] 张朝晖. 环境艺术设计基础[M]. 武汉：武汉大学出版社，2008

第一章 环境艺术设计理论基础

表现主义等。抽象派艺术作品仅用线条或方块就可以创造出优美的绘画，这直接对建筑产生了影响。现代建筑的开拓者创办的包豪斯学校第一次把理性的抽象美学训练纳入教学之中。

当时现代主义大师勒·柯布西埃在建筑造型中秉承塞尚的万物之象以圆锥体、球体和立方体等简单几何体为基础的原则，把对象抽象化、几何化。他要求人们建立由于工业发展而得到了解放的以"数字"秩序为基础的美学观。1928年他设计的萨伏伊别墅是他提出新建筑五特点的具体体现，对建立和宣传现代主义建筑风格影响很大（图1-60）。

图1-60 勒·柯布西埃设计的萨伏伊别墅

1930年由密斯·凡·得·罗设计的巴塞罗那世博会德国馆（图1-61）也集中表现了现代主义"少就是多"的设计原则。

图1-61 巴塞罗那世博会德国馆

现代建筑造型的基本倾向是几何抽象性。在第二次世界大战前后，几何体建筑在全球的普及，标志着抽象的、唯理的美学观的确立。

3. 晚期现代主义的建筑学

晚期现代主义的建筑学是对个性与关系的探索。

现代建筑对几何性和规则性的极端化妨碍了个性和情感的表现。都市千篇一律的钢筋混凝土森林与闪烁的玻璃幕墙使人感到厌倦和乏味，典型"国际式风格"成为单调、冷漠的代名词。为克服现代建筑的美学疲劳，20世纪后半期的建筑向着追求个性的方向发展，从多角度和不同层次上突破现代建筑规则的形体空间。

晚期现代建筑造型由注重几何体的表现力转向强调个性要素，比如：

（1）一些建筑侧重于形状感染力的追求，如朗香教堂（图1-62）、悉尼歌剧院的造型都有穿越时空的魅力，使抽象语汇的表达得以大大地扩展和升华。

图 1-62　朗香教堂

（2）很多建筑运用分割、切削等手法对几何体进行加工，创造非同一般的形象。华裔建筑大师贝聿铭的美国国家美术馆东馆（图1-63）就是这种设计的杰作。

美国"白色派"建筑师迈耶的作品（图1-64）把错综变化的复合作为编排空间形体的基本手段，在曲与直、空间与形体、方向与位置的变动中探索创新的途径。

第一章 环境艺术设计理论基础

图 1-63 贝聿铭设计的美国国家美术馆东馆

图 1-64 迈耶设计的建筑

（二）后现代主义

20 世纪 60 年代后期，西方一些先锋建筑师主张建筑要有装饰，不必过于追求纯净，必须尊重环境的地域特色，以象征性、隐喻性的建筑符号取得与固有环境生态的文脉联系，这种对现代主义的反思形成了后现代主义建筑思潮。在批判现代主义教条的过程中，后现代主义建筑师确立了自己的地位。

后现代主义的建筑师并未在根本上否定抽象的意义。[1] 被认为是后现代主义化身的美国著名建筑师格雷夫斯设计的波特兰大厦（图 1-65）被看作是后现代主义的代表作，其建筑外观富

---

[1] 格雷夫斯认为："我们需要某种程度的抽象，只有抽象才能表达暧昧的意念。但是如果形象不够，意念就难以表达，就会使你失去欣赏者，所以让人们理解抽象语言必须借助艺术形象。我的设计在探索形象与抽象之间的质量。"

· 45 ·

有时代感的精美与简练，是应用抽象的美学原理处理具体形象的典范。

图 1-65　格雷夫斯设计的波特兰大厦

（三）解构主义

建筑中的解构主义在于冲破理性的局限，通过错位、叠合、重组等过程，寻求生成新形式的机遇，它是对之前建筑思想和理论的一次大胆挑战。

解构主义的建筑师们更多地从表层语汇转向深层结构的探求，在形式语汇的使用方面倾向于抽象。屈米设计的维莱特公园（图 1-66）被认为是解构主义的作品，其整体系统的开放性使场地的活动达到最大限度，向游人展示了活动和内容的多样性，以及生气勃勃的公园气氛。

埃森曼设计的韦克斯纳中心也被认为是解构主义的代表作品（图 1-67），其基本结构形式是使城市和校园两套网络系统同时作用。埃森曼注重建筑元素的交叉、叠置和碰撞成为设计过程和结果，虽然建筑表面似呈某种无序，但是内部的逻辑清晰统一。①

图 1-66 屈米设计的维莱特公园

图 1-67 埃森曼设计的韦克斯纳中心

总之，当代建筑的个性及高科技、有机环保趋向越来越显著，众多建筑风格流派如高科技派、结构主义派、超现实主义派等使城市景观及建筑格局呈现五光十色的景象。

---

① 张朝晖.环境艺术设计基础[M].武汉：武汉大学出版社，2008

第二章 环境艺术设计的主客体因素
——设计师与设计材料

设计师是环境设计的主体，当代环境设计师的基本素养与职业技能都是建立在环境设计师对环境、环境设计、环境设计师的概念、功能以及职责等的认识的基础上的。此外，环境设计师对各类设计材料也应该了然于胸并能熟练运用。本章将详细论述环境设计师的概念、职责与功能以及一些常用的设计材料等。

第一节 环境艺术设计师的职责及素养

随着社会的发展与科学技术的进步，人们对生活水平与生活质量的要求也在不断提高。因此环境艺术设计师们肩负着处理自然环境与人工环境关系的重要职责，他们手中的蓝图深深地影响和改变着人们的生活，也体现了国家文明与进步的程度。为此，本节主要研究环境设计师的要求及修养、环境设计师的创造性能力。

一、环境设计师的要求及修养

（一）环境设计师的意义

虽然环境艺术设计的内容很广，从业人员的层次和分工差别也很大，但我们必须统一并达成共识：我们到底在为社会、

第二章 环境艺术设计的主客体因素——设计师与设计材料

为国家、为人类做什么？是不断地生产垃圾，还是为人们做出正确的向导？是在现代社会光怪陆离的节奏中随波逐流，还是树起设计师责任的大旗？设计是一个充满着各种诱惑的行业，对人们的潜意识产生着深远的影响，设计师自身的才华使得设计更充满了个人成就的满足感。但是，我们要清醒地认识到设计的意义，抛弃形式主义，抛弃虚荣，做一个对社会、国家乃至人类有真正价值贡献的设计师。

环境设计师的要求主要体现在以下几个方面：

1. 要确立正确的设计观

环境艺术设计师要确立正确的设计观，也就是心中要清楚设计的出发点和最终目的，以最科学合理的手段为人们创造更便捷、优越、高品质的生活环境。无论在室内还是室外，无论是有形的还是无形的，环境艺术设计师不是盲目地建造空中楼阁，工作也不是闭门造车，而是必须结合客观的实际情况，满足制约设计的各种条件。在现场中，在与各种利益群体的交际中，在与同等案例的比较分析中，准确地诊断并发现问题，在协调各方利益群体的同时，能够因势利导地指出设计发展的方向，创造更多的设计附加值，传递给大众更为先进、合理、科学的设计理念。人们常说设计师的眼睛能点石成金，就是要求设计师有一双发现价值的眼睛，能知道设计的核心价值，能变废为宝，而不是人云亦云。

2. 要树立科学的生态环境观念

环境艺术设计师还要树立科学的生态环境观念。这是设计师的良心，是设计的伦理。设计师有责任也有义务引导项目的投资者并与之达成共识，而不是只顾对经济利益的追逐；引导他们珍视土地与能源，树立环保意识，要尽可能地倡导经济型、节约型、可持续性的设计，而不是一味地盯在华丽的形式外表上。在资源匮乏、贫富加剧的世界环境下，这应该是设计的主流，而不是一味做所谓高端的设计产品。从包豪斯倡导的设计改变社会到为可持续发展而默默研究的设计机构，我们真的有必要从设计大师那里吸取经验和教益，理解什么是真正的设计。

3. 要具有引导大众观念的责任

环境艺术设计师要具有引导大众观念的责任。用美的代替丑的，用真的代替假的，用善的代替恶的，这样的引导具有非常重要的价值。环境艺术设计师要持守这样的价值观，给群体正确的带领。环境艺术设计师的一句话也许会改变一条河、一块土地、一个区域的发展和命运，由此可见这个群体是何等重要。

（二）环境艺术设计师的修养

曾有戏言说"设计师是全才和通才"——他们的大脑要有音乐家的浪漫、画家的想象，又要有数学家的严密、文学家的批判；有诗人的才情，又有思想家的谋略；能博览群书，又能躬行实践；他是理想的缔造者，又是理想的实现者。这些都说明设计师与众不同的职业特点。一个优秀的设计师或许不是"通才"，但一定要具备下面几个方面的修养。

1. 文化方面的修养

把设计师看成是"全才""通才"的一个很重要的原因是设计师的文化修养。因为环境艺术设计的属性之一就是文化属性，它要求设计师要有广博的知识面，把眼界和触觉延伸到社会、世界的各个层面，敏锐地洞察和鉴别各种文化现象、社会现象并和本专业结合。

文化修养是设计师的"学养"，意味着设计师一生都要不断地学习、提高。它有一个随着时间积累的慢性的显现过程。特别是初学者更应该像海绵一样持之以恒，吸取知识，而不可妄想一蹴而就。设计师的能力是伴随着他知识的全面、认识的加深而日渐成熟的。

2. 道德方面的修养

设计师不仅要有前瞻性的思想、强烈的使命意识、深厚的专业技能功底，还应具备全面的道德修养。

道德修养包括爱国主义、义务、责任、事业、自尊和羞耻等。有时候，我们总片面地认为道德内容只是指向"为别人"，其实，加强道德修养也是为我们自己。因为，高品质道德修养的成熟意味着健全的人格、人生观和世界观的成熟。在从业的过程中能以大胸襟来看待自身和现实，就不会被短见利益得失而挟制，就不会患得患失，这样，才能在职业生涯中取得真正的成功。

环境艺术设计是如此的与生活息息相关，它需要它的创造者——设计师具备全面的修养，为环境本身，也为设计师本身。一个好的设计成果，一方面得益于设计师的聪明才智，另一方面，其实更为重要的是得益于设计师对国家、社会的正确认识，得益于他健全的人格和对世界、人生的正确理解。一个在道德修养上有缺失的设计师是无法真正赢得事业的成功的，并且环境也会因此而遭殃。重视和培养设计师的自我道德修养，也是设计师职业生涯中重要的一环。

3. 技能方面的修养

技能修养指的是设计师不仅要具备"通才"的广度，更要具备"专才"的深度。

我们可以看到，"环境艺术"作为一个专业确立的合理性反映出综合性、整体性的特征。这个特征，包含了两个方面的内容，一个是环境意识，另一个是审美意识，综合起来可以理解为一种宏观的审美把握。

除了综合技能，设计师也需要在单一技能上体现优势，如绘画技能、软件技能、创意理念等。其中，绘画技能是设计师的基本功，因为从理念草图的勾勒到施工图纸的绘制都与绘画有密切的联系。从设计绘图中，我们很容易分辨出一个设计师眼、脑、手的协调性与他的职业水准和职业操守。由于近几年软件的开发,很多学生甚至设计师认为绘画技能不重要了,认为电脑能够替代徒手绘图,这种认识是错误的。事实是,优秀的设计师历来都很重视手绘的训练和表达,从那一张张饱含创作灵感和激情的草稿中,能感受到作者力透纸背的绘画功底。

二、环境设计师的创造性能力

设计师的创意和潜能是需要被激发出来的,而开发创造力的核心便是进行高品位的设计思维训练。创造力是设计师进行创造性活动(即具有新颖性的不重复性的活动)中挥发出来的潜在能量,培养创造性能力是造就设计师创造力的主要任务。

(一)环境设计师创造能力的开发

人类认识前所未有的事物称之为"发现",发现属于思维科学、认识科学的范畴。人类研究还没有认识事物及其内在规律的活动一般称之为"科学";人类掌握以前所不能完成、没有完成工作的方法称之为"发明",发明属于行为科学,属于实践科学的范畴,发明的结果一般称之为"技术";只有做前人未做过的事情,完成前人从未完成的工作才称之为"创造",不仅完成的结果称"创造",其工作的过程也称之为"创造"。人类的创造以科学的发现为前提,以技术的发明为支持,以方案与过程的设计为保证,因此,人类的发现、发明、设计中都包含着创造的因素,而只有发现、发明、设计三位一体的结合,才是真正的创造。

创造力的开发是一项系统工程,一方面它既要研究创造理论、总结创造规律,还要结合哲学、科学方法论、自然辩证法、生理学、脑科学、人体科学、管理科学、思维科学、行为科学等自然科学学科与美学、心理学、文学、教育学、人才学等人文科学学科的综合知识;同时它还要结合每个人的具体状况,进行创造力开发的引导、培养、扶植。因此,对一个环境设计

第二章　环境艺术设计的主客体因素——设计师与设计材料

师来说，开发自己的创造力是一项重大而又艰苦细致的工作，对培养自己创造性思维的能力、提高设计品质具有十分重要的现实意义。

人们常把"创造力"看成智慧的金字塔，认为一般人不可高攀。其实，绝大多数人都具有创造力。人与人之间的创造力只有高低之分，而不存在有和无的界限。21世纪的现代人，已进入了一个追求生活质量的时代，这是一个物质加智慧的设计竞争时代，现代设计师应视作为一种新的机遇。这就要求设计师努力探索和挖掘创造力，以新观念、新发现、新发明、新创造迎接新时代的挑战。

按照创造力理论，人的创造力的开发是无限的。从脑细胞生理学角度测算，人一生中所调动的记忆力远远少于人的脑细胞实际工作能力。创造力学说告诉我们，人的实际创造力的大小、强弱差别主要决定于后天的培养与开发。要提高设计师的创造性、开发创造力，就应该主动地、自觉地培养自己的各种创造性素质。

（二）环境设计师创造性能力的培养

创意能力的强弱与人的个性、气质有一定的关联，但它并不是一成不变的，人们通过有针对性的训练和有意识的追求是可以逐步强化和提高的。创意能力的强弱与人们知识和经验的积累有关，通过学习和实践，能够得以改善。对创意能力进行训练，既要打破原有的定式思维，又要有科学的方案。下面是一些易于操作又十分有效的创意能力训练的方法。

1.脑筋急转弯

有的人认为脑筋急转弯是很幼稚的游戏，其实这种游戏对于成年人放松身心非常有效。下面是一些常见题目：

（1）黑头发有什么好处？

（2）3个人3天用3桶水，9个人9天用多少桶水？

（3）什么东西比乌鸦更让人讨厌？

（4）全世界哪个地方的死亡率最高？

（5）青蛙可以跳得比树高，怎么回事？

答案：

（1）永远不怕晒黑。

（2）9桶。

（3）乌鸦嘴。

（4）床上。

（5）因为树不会跳。

2. 抽象能力训练

抽象能力的训练，主要是为了提高创造性思维的深度，具体可以从两个方面入手：

（1）从不同的物体当中抽象出不同的属性。例如，我们从树木、军装、青蛙等事物中可以抽象出"绿色"，从冰箱、电视、音响等食物中能够抽象出"电器"。下面是几组常见事物，可以作为训练的素材：

A. 台球桌、水池、报纸、电脑

B. 嘴巴、大海、洪水、烈火

C. 奶粉、水果、稀饭、饼干

D. 空调、雪花、冰箱、冰淇淋

（2）从同一属性联想到不同的物体。比如拥有"红色"属性的事物有：苹果、夕阳、印泥等。训练时可以列举一些属性或现象，如红色、使人发笑的、颗粒状、发光的、尖锐的、圆形的等，再根据这些属性列举相应的事物。

3. 思维活跃程度的训练

思维活跃程度的测试可以按照以下方法进行：

（1）非常用途

要求参与者列举出某种物体一般用途之外的非常用途。比如：平板电脑，答案可能有照镜子、切菜板、防身武器等。

（2）成语接龙

要求参与者根据别人给出的成语或词语继续往下接，数量越多越好，充分发挥想象力。

（3）故事接龙

这一方法可以多人进行，按照一定的顺序或者随机指定人，大家共同来"创作"故事，每人一句，不必考虑故事的内容和质量如何，最重要的是以短时间的激发来锻炼一个人的思维活跃程度。

综上所述，在人们创造性能力的开发过程中，"新颖"的机遇常常与传统的成见碰撞，只有随时准备突破传统观念、突破权威和教条、突破自己的设计师，才能够抓住机遇并获得成功。

第二节 环境与材料的关系

一、材料的环境意识

环境意识作为一种现代意识，已引起了人们的普遍关注和国际社会的重视。随着现代社会突飞猛进的发展，全球资源的消耗越来越大，所产生的废弃物也不断增加，环境破坏日益严重。因此，环境问题被提上日程，保护环境、节约资源的呼声越来越高。

长期以来，人们在开采、利用材料的过程中，消耗了大量的资源，并对环境造成了极大的污染。如同生物一样，材料也有一定的"生命周期"（图2-1）。

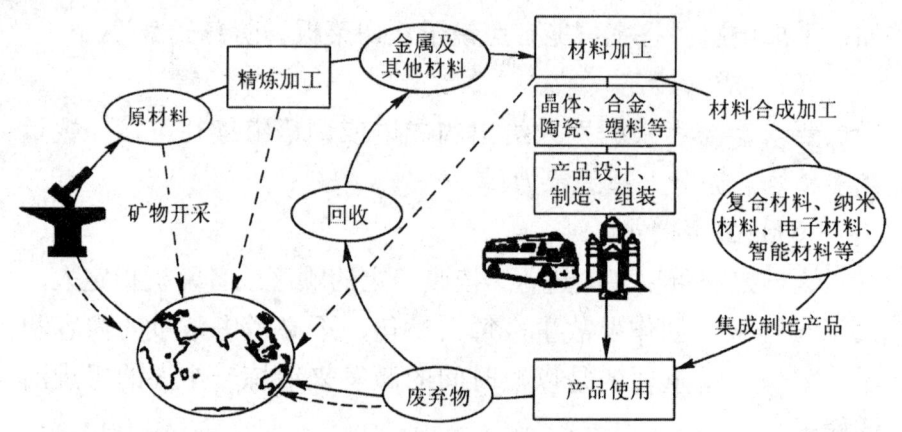

图 2-1　材料的"生命周期"示意图（虚线箭头表示可能的污染源）

二、材料选择与环境保护

随着环境问题的不断放大，人类开始寄希望于设计，以期通过设计来改善目前的生存环境状况。减少环境污染、保护生态成为设计师选用设计材料所必须要进行考虑的重要因素。

图 2-2 所示的是由日本 Victor 公司推出玉米淀粉制成的玉米光盘。与传统光盘材料不同，玉米光盘取材自然，在制作的过程中不会产生大量的污染，且废弃后可自然分解。

图 2-2　玉米光盘

毕业于英国皇家艺术学院的琼·阿特费尔德将回收的香波、洗洁剂瓶子绞碎，再热压成塑料薄板，创造出一种可以用传统

第二章 环境艺术设计的主客体因素——设计师与设计材料

木工工具加工的绿色材料。RCP 椅就是利用这一材料制作的"绿色"家具，色彩丰富，廉价而具有可消费性。图 2-3 为利用废旧塑料为原料制作的 RCP 椅子。

图 2-3 RCP 塑料椅子

由英国设计师的 Lula Dot 设计的瓶盖灯（图 2-4）是由塑料瓶口与瓶盖所组成。在设计师的巧手下，各种废弃物纷纷变身成为华丽的时尚灯饰。设计者将破损的塑料瓶收集起来，将它们重新利用，赋予其新的生命，让它再次在灯具中发光。而这款瓶盖灯共由约 40 个塑料瓶口瓶盖组成。

图 2-4 瓶盖灯

由设计师 Michelle Brand 设计的这些吊灯是塑料饮料瓶的底部剪下来的，造型依然典雅美丽（图 2-5）。

图 2-5 吊灯

由沃里克大学制造集团公司与 PVAXX 研发公司以及摩托罗拉公司合作开发新的新型环保手机产品（图 2-6），废弃后可以将其埋到泥土里，几周后可自然分解为混合肥料。

图 2-6 环保手机产品

设计中保持材料的原材质表面状态，不仅有利于回收，同时，材料本身的材质也给人粗犷、自然、质朴的特殊美感。如图 2-7 所示，采用铝材制作的座椅，表面不经任何处理，极易回炉再利用。

图 2-7 铝制座椅

Jurgen Bey 于 1999 年设计的树干长椅,由真实的树干和青铜制成,两种不同材质的表面均不采用任何表面处理,充分显示出强烈的质地美感(图 2-8)。

图 2-8 树干长椅

第三节 设计材料的种类、特点及应用

生活中常用的环境设计材料主要有黄沙、水泥、黏土砖、木材、人造板材、钢材、瓷砖、合金材料、天然石材和各种人造材料。下面介绍的各种材料具有鲜明的时代特征,同时也反映了环境设计行业的一些特点。

一、常用设计材料的分类

在工业设计范畴内,材料是实现产品造型的前提和保障,是设计的物质基础。一个好的设计者必须在设计构思上针对不同的材料进行综合考虑,倘若不了解设计材料,设计就只能是纸上谈兵。随着社会的发展,设计材料的种类越来越多,各种新材料层出不穷。为了更好地了解材料的全貌,可以从以下几个角度来对材料进行分类。

(一)按材料的来源分类

第一类是包括木材、皮毛、石材、棉等在内的第一代天然材料。这些材料在使用时仅对其进行低度加工，而不改变其自然状态（图2-9）。

图2-9　天然材料（竹、木、皮毛、石）

第二类是包括纸、水泥、金属、陶瓷、玻璃、人造板等在内的第二代加工材料。这些材料也是采用天然材料，只不过是在使用的时候，会对天然材料进行不同程度的加工（图2-10）。

图2-10　加工材料（金属、玻璃）

第三类是包括塑料、橡胶、纤维等在内的第三代合成材料。这些高分子合成材料是以汽油、天然气、煤等为原材料化合而成的（图2-11）。

图2-11　合成材料（塑料、橡胶）

第四类是用各种金属和非金属原材料复合而成的第四代复合材料（图2-12）。

第二章　环境艺术设计的主客体因素——设计师与设计材料

图 2-12　复合材料

第五类是拥有潜在功能的高级形式的复合材料,这些材料具有一定的智能,可以随着环境条件的变化而变化。图 2-13 为"花火"灯,灯罩是有热感应的记忆合金,温度一开始升高,"花"就会开始绽放。所以,亮灯的时间越长花也会开得越大。

图 2-13　"花火"灯

（二）按材料的物质结构分类

按材料的物质结构分类,可以把设计材料分为四大类,如下所示。

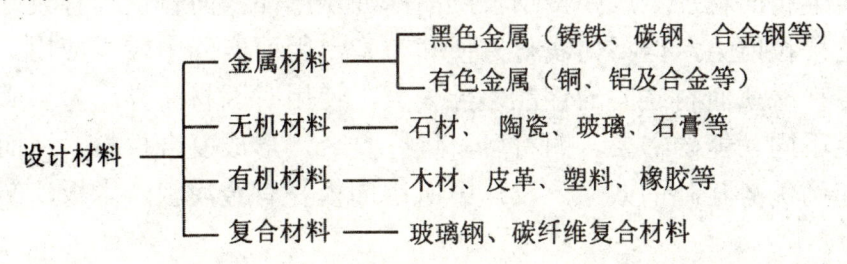

```
              ┌ 金属材料 ─┬─ 黑色金属（铸铁、碳钢、合金钢等）
              │          └─ 有色金属（铜、铝及合金等）
设计材料 ─────┼ 无机材料 ── 石材、陶瓷、玻璃、石膏等
              ├ 有机材料 ── 木材、皮革、塑料、橡胶等
              └ 复合材料 ── 玻璃钢、碳纤维复合材料
```

· 61 ·

（三）按材料的形态分类

设计选用材料时，为了加工与使用的方便，往往事先将材料制成一定的形态，我们把材料的形态称为材形。不同的材形所表现出来的特性会有所不同，如钢丝、钢板、钢锭的特性就有较大的区别：钢丝的弹性最好，钢板次之，钢锭则几乎没有弹性；而钢锭的承载能力、抗冲击能力极强，钢板次之，钢丝则极其微弱。

按材料的外观形态通常将材料抽象地划分为三大类：

1. 线状材料（线材）

线材通常具有很好的抗拉性能，在造型中能起到骨架的作用。设计中常用的有钢管、钢丝、铝管、金属棒、塑料管、塑料棒、木条、竹条、藤条等（图2-14）。

图2-14 线状材料制作的椅子

2. 板状材料（面材）

面材通常具有较好的弹性和柔韧性，利用这一特性，可以将金属面材加工成弹簧钢板产品和冲压产品；面材也具有较好的抗拉能力，但不如线材方便和节省，因而实际中较少应用。各种材质面材之间的性能差异较大，使用时因材而异。为了满足不同功能的需要，面材可以进行复合，形成复合板材，从而起到优势互补的效果。设计中所用的板材有金属板、木板、塑料板、合成板、金属网板、皮革、纺织布、玻璃板、纸板等（图2-15）。

图 2-15　板状材料制作的椅子

3. 块状材料（块材）

通常情况下，块材的承载能力和抗冲击能力都很强，与线材、面材相比，块材的弹性和韧性较差，但刚性却很好，且大多数块材不易受力变形，稳定性较好。块材的造型特性好，本身可以进行切削、分割、叠加等加工。设计中常用的块材有木材、石材、泡沫塑料、混凝土、铸钢、铸铁、铸铝、油泥、石膏等（图2-16）。

图 2-16　块状材料制作的椅子

二、常用的设计材料举例

（一）木材制品

木材由于其具有的独特性质和天然纹理，应用非常广泛。它不仅是我国具有悠久历史的传统建筑材料（如制作建筑物的木屋架、木梁、木柱、木门、窗等），也是现代建筑主要的装饰装修材料（如木地板、木制人造板、木制线条等）。

图 2-17　木材制品

木材由于树种及生长环境不同，其构造差别很大，而木材的构造也决定了木材的性质。

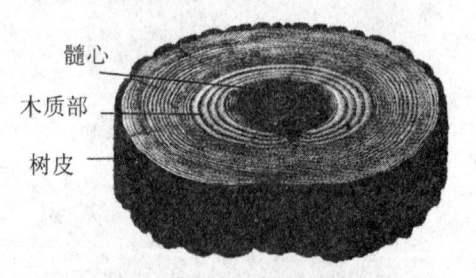

图 2-18　木材的构造

1. 木材的分类

（1）按叶片分类

按照叶片的不同，主要可以分为针叶树和阔叶树。

针叶树，树叶细长如针，树干通直高大，纹理顺直，表观

第二章 环境艺术设计的主客体因素——设计师与设计材料

密度和胀缩变形较小，强度较高，有较多的树脂，耐腐性较强，木质较软而易于加工，又称"软木"，多为常绿树。常见的树种有红松、白松、马尾松、落叶松、杉树、柏木等，主要用于各类建筑构件、制作家具及普通胶合板等。

阔叶树，树叶宽大，树干通直部分较短，表观密度大，胀缩和翘曲变形大，材质较硬，易开裂，难加工，又称"硬木"，多为落叶树。硬木常用于尺寸较小的建筑构件（如楼梯木扶手、木花格等），但由于硬木具有各种天然纹理，装饰性好，因此，可以制成各种装饰贴面板和木地板。常见的树种有樟木、榉木、胡桃木、柚木、柳桉、水曲柳及较软的桦木、椴木等。

图 2-19 针叶树林　　图 2-20 阔叶树林

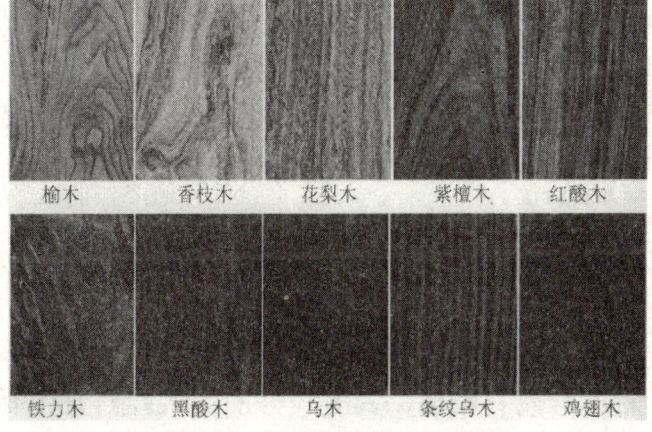

图 2-21 木材的纹理和色泽

（2）按用途分类

按加工程度和用途的不同，木材可分为原木、原条和板方材等。

原木，指树木被伐倒后，经修枝并截成规定长度的木材。

原条，指只经修枝、剥皮，没有加工造材的木材。

板方材，指按一定尺寸锯解，加工成形的板材和方材。

2. 木材的特点

（1）轻质高强

木材是非匀质的各向异性材料，且具有较高的顺纹抗拉、抗压和抗弯强度。我国是以木材含水率为15％时的实测强度作为木材的强度。木材的表观密度与木材的含水率和孔隙率有关，木材的含水率大，表观密度大；木材的孔隙率小，则表观密度大。

（2）含水率高

当木材细胞壁内的吸附水达到饱和状态，而细胞腔与细胞间隙中无自由水时，这时木材的含水率称为纤维饱和点。纤维饱和点随树种的不同而不同，通常为25％～35％，平均值约为30％，它是影响木材物理力学性能发生变化的临界点。

（3）吸湿性强

木材中所含水分会随所处环境温度和湿度的变化而变化，潮湿的木材能在干燥环境中失去水分，同样，干燥的木材也会在潮湿环境中吸收水分。最终木材中的含水率会与周围环境空气相对湿度达到平衡，这时木材的含水率称为平衡含水率。平衡含水率会随温度和湿度的变化而变化，木材使用前必须干燥到平衡含水率。

（4）保温隔热

木材孔隙率可达50％，热导率小，具有较好的保温隔热性能。

（5）耐腐、耐久

木材只要长期处在通风干燥的环境中，并给予适当的维护或维修，就不会腐朽损坏，具有较好的耐久性，且不易导电。我国古建筑木结构已有几千年的历史，至今仍完好，但是如果长期处于50℃以上温度的环境，就会导致木材的强度下降。

（6）弹、韧性好

木材是天然的有机高分子材料，具有良好的抗震、抗冲击能力。

（7）装饰性好

木材天然纹理清晰，颜色各异，具有独特的装饰效果，且加工、制作、安装方便，是理想的室内装饰装修材料。

（8）湿胀干缩

木材的表观密度越大，变形越大，这是由于木材细胞壁内吸附水引起的。顺纹方向胀缩变形最小，径向较大，弦向最大。干燥木材吸湿后，将发生体积膨胀，直到含水率达到纤维饱和点为止，此后，木材含水率继续增大，也不再膨胀。木材的湿胀干缩对木材的使用有很大影响，干缩会使木结构构件产生裂缝或产生翘曲变形，湿胀则造成凸起。

（9）天然疵病

木材易被虫蛀、易燃，在干湿交替中会腐朽，因此，木材的使用范围和作用容易受到限制。

3. 木材的处理

（1）干燥处理

为使木材在使用过程中保持其原有的尺寸和形状，避免发生变形、翘曲和开裂，并防止腐烂、虫蛀，保证正常使用，木材在加工、使用前必须进行干燥处理。

木材的干燥处理方法可根据树种、木材规格、用途和设备条件选择。自然干燥法不需要特殊设备，干燥后木材的质量较好，但干燥时间长，占用场地大，只能干到风干状态。采用人工干燥法，操作时间短，可干至窑干状态，但如干燥不当，会因收缩不匀，而引起开裂。需要注意的是：木材的锯解、加工，应在干燥之后进行。

（2）防腐和防虫处理

在建造房屋或进行建筑装饰装修时，不能使木材受潮，应使木构件处于良好的通风条件环境，不得将木支座节点或其他任何木构件封闭在墙内；木地板下、木护墙及木踢脚板等宜设置通风洞。

木材经防腐处理，使木材变为含毒物质，杜绝菌类、昆虫繁殖。常用的防腐、防虫剂有水剂（硼酚合剂、铜铬合剂、铜铬砷合剂和硼酸等）、油剂（混合防腐剂、强化防腐剂、林丹五氯酚合剂等）、乳剂（二氯苯醚菊酯）和氟化钠沥青膏浆等。处理方法可用涂刷法和浸渍法，前者施工简单，后者效果显著。

（3）防火处理

木材是易燃材料，在进行建筑装饰装修时，要对木制品进行防火处理。木材防火处理的通常做法是在木材表面涂饰防火涂料，也可把木材放入防火涂料槽内浸渍。根据胶结性质的不同，防火涂料分油质防火涂料、氯乙烯防火涂料、硅酸盐防火涂料和可赛银（酪素）防火涂料。前两种防火涂料能抗水，可用于露天结构上；后两种防火涂料抗水性差，可用于不直接受潮湿作用的木构件上。

4. 木材在设计中的应用

图2-22中的这张伴侣几是在制作茶几时，由于木材年份久远，一不小心就自然地断开了。设计师朱小杰灵感迸发，将其一高一低错开，阳在上、阴在下，半圆阴阳，取名"伴侣几"。就像一对夫妻，伴侣几的两部分你包容我，我补充你，分合随意，相濡以沫。或当茶几，或做桌子，伴侣几都在平常的生活琐碎中悄悄阐述这样一个道理：爱情，就是要互相包容。去除烦琐的装饰，仅凭乌金木材质如同艺术般的年轮肌理，这款茶几就能很完整地展示大自然创造的原始、自然的美丽。

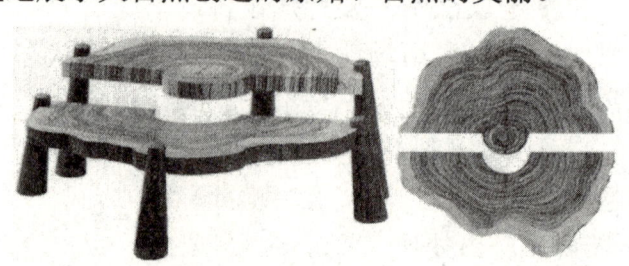

图2-22 伴侣几

第二章 环境艺术设计的主客体因素——设计师与设计材料

图 2-23 中使用木材组成的蛋壳概念建筑的有机外形实在是让人出乎意料。它借助了传统船型建筑的方法——蒸汽加工，使其变软，采用了覆有亚麻籽油的木材进行防紫外线保护。如此高效益并且持久耐用的拱状建筑将被永久载入历史。

图 2-23 蛋壳概念建筑

（二）石材制品

1. 常见的石材

（1）大理石

我们经常在许多建筑物的墙面、柱面、栏杆、窗台板、服务台、楼梯踏步、电梯间、门脸等的饰面见到大理石这种建筑装饰材料。除此之外，大理石也经常被用来制作工艺品、壁面和浮雕等。

大理石是变质岩，具有致密的隐晶结构，硬度中等，碱性岩石。其结晶主要由云石和方解石组成，主要成分以碳酸钙为主（约占 50% 以上）。我国云南大理县以盛产大理石而驰名中外。

大理石具有独特的装饰效果。品种有纯色及花斑两大系列。花斑系列为斑驳状纹理，品种多色泽鲜艳、材质细腻；抗压强度较高、吸水率低，不易变形；硬度中等，耐磨性好；易加工；耐久性好。由于大理石的抗风化性和耐酸性能比较差，容易因受酸侵蚀表面会失去光泽，甚至出现起粉、出现斑点等现象，所以除极少数杂质含量少、性能稳定的大理石（如汉白玉、艾叶青等）在外的磨光大理石板材一般不宜用于建筑物的外墙面、其他露天部位的室外装饰以及与酸有接触的地面装饰工程，否则会影响装饰效果。

（2）花岗岩

花岗岩石材常备用作建筑物室内外饰面材料以及重要的大型建筑物基础踏步、栏杆、堤坝、桥梁、路面、街边石、城市雕塑及铭牌、纪念碑、旱冰场地面等。

花岗岩是指具有装饰效果，可以磨平、抛光的各类火成岩。花岗岩具有全晶质结构，材质硬，其结晶主要由石英、云母和长石组成，主要成分以二氧化硅为主，占65%～75%。虽然花岗岩因其具有色泽和深浅不同的斑点状花纹以及坚硬致密的石质而显得比较稳定、耐用和美观，但它的耐火性却比较差，而且开采困难，甚至有些花岗岩里还含有危害人体健康的放射性元素。

（3）人造石材

人造石材主要是指人工复合而成的石材，包括水泥型、复合型、烧结型、玻璃型等多种类型。

我国在20世纪70年代末开始从国外引进人造石材样品、技术资料及成套设备，80年代进入了生产发展时期。目前我国人造石材有些产品质量已达到国际同类产品的水平，并广泛应用于宾馆、住宅的装饰装修工程中。

人造石材不但具有材质轻、强度高、耐污染、耐腐蚀、无色差、施工方便等优点，且因工业化生产制作，使板材整体性极强，可免去翻口、磨边、开洞等再加工程序。人造石材一般适用于客厅、书房、走廊的墙面、门套或柱面装饰，还可用作工作台面及各种卫生洁具，也可加工成浮雕、工艺品、美术装潢品和陈设品等。

2. 石材的特点

（1）表观密度

天然石材的表观密度由其矿物质组成及致密程度决定。致

第二章 环境艺术设计的主客体因素——设计师与设计材料

密的石材，如花岗岩、大理石等，其表观密度接近于其实际密度，为 2500～3100 千克/立方米；而空隙率大的火山灰凝灰岩、浮石等，其表观密度为 500～1700 千克/立方米。

天然岩石按表观密度的大小可分为重石和轻石两大类。表观密度大于或等于 1800 千克/立方米的为重石，主要用于建筑的基础、贴面、地面、房屋外墙、桥梁；表观密度小于 1800 千克/立方米的为轻石，主要用作墙体材料，如采暖房屋外墙等。

（2）吸水性

石材的吸水性与空隙率及空隙特征有关。花岗岩的吸水率通常小于 0.5％，致密的石灰岩的吸水率可小于 1％，而多孔的贝壳石灰岩的吸水率可高达 15％。一般来说，石材的耐水性和强度很大程度上取决于石材的吸水性，这是由于石材吸水后，颗粒之间的黏结力会发生改变，岩石的结构也会因此产生变化。

（3）抗冻性

石材的抗冻性是指其抵抗冻融破坏的能力。石材的抗冻性与其吸水性密切相关，吸水率大的石材的抗冻性就比较差。吸水率小于 0.5％的石材，则被认为是抗冻性石材。

（4）抗压强度

石材的抗压强度以三个边长为 70 毫米的立方体石块的抗压破坏强度的平均值表示。根据抗压强度值的大小，石材共分九个强度等级：MU100、MU80、MU60、MU50、MU40、MU30、MU20、MU15 和 MU10。天然石材抗压强度的大小取决于岩石的矿物成分组成、结构与构造特性、胶结物质的种类及均匀性等因素。此外，荷载的方式对抗压强度的测定也有影响。

3. *石材的选用*

（1）观察表面

由于地理、环境、气候、朝向等自然条件不同，石材的构造也不同，有些石材具有结构均匀、细腻的质感，有些石材则颗粒较粗。不同产地、不同品种的石材具有不同的质感效果，必须正确地选择需用的石材品种。

（2）鉴别声音

听石材的敲击声音是鉴别石材质量的方法之一。好的石材其敲击声清脆悦耳，若石材内部存在轻微裂隙或因风化导致颗粒间接触变松，则敲击声粗哑。

（3）注意规格尺寸

石材规格必须符合设计要求，铺贴前应认真复核石材的规格尺寸是否准确，以免造成铺贴后的图案、花纹、线条变形，影响装饰效果。

（三）塑料制品

1. 常见的塑料制品

（1）塑料地板

塑料地板主要由以下特性：轻质、耐磨、防滑、可自熄；回弹性好，柔软度适当，脚感舒适，耐水，易于清洁；规格多，造价低，施工方便；花色品种多，装饰性能好；可以通过彩色照相制版印刷出各种色彩丰富的图案。

（2）塑料门窗

相对于其他材质的门窗来讲，塑料门窗的绝热保温性能、气密性、水密性、隔声性、防腐性、绝缘性等更好，外观也更加美观。

图 2-24　塑料门窗

（3）塑料壁纸

塑料壁纸是以一定材料为基材，表面进行涂塑后，再经过印花、压花或发泡处理等多种工艺而制成的一种饰面装饰材料。常见的有非发泡塑料壁纸、发泡塑料壁纸、特种塑料壁纸（如耐水塑料壁纸、防霉塑料壁纸、防火塑料壁纸、防结露塑料壁纸、芳香塑料壁纸、彩砂塑料壁纸、屏蔽塑料壁纸）等。

塑料壁纸质量等级可分为优等品、一等品、合格品三个品种，且都必须符合国家关于《室内装饰装修材料壁纸中有害物质限量》强制性标准所规定的有关条款。

塑料壁纸具有以下特点：

①装饰效果好。由于壁纸表面可进行印花、压花及发泡处理，能仿天然行材、木纹及锦缎，达到以假乱真的地步；并通过精心设计，印刷适合各种环境的花纹图案，几乎不受限制；色彩也可任意调配，做到自然流畅，清淡高雅。

②性能优越。根据需要可加工成难燃、隔热、吸声、防霉性，且不易结露，不怕水洗，不易受机械损伤的产品。

③适合大规模生产。塑料的加工性能良好，可进行工业化连续生产。

④黏结方便。纸基的塑料壁纸，用普通801胶或白乳胶即可粘贴，且透气好，可在尚未完全干燥的墙面粘贴，而不致造成起鼓、剥落。

⑤使用寿命长，易维修保养。表面可清洗，对酸碱有较强的抵抗能力。

2. 塑料的特点

（1）质量较轻

塑料的密度在0.9～2.2/立方厘米之间，平均约为钢的1/5、铝的1/2、混凝土的1/3，与木材接近。因此，将塑料用于建筑工程，不仅可以减轻施工强度，而且可以降低建筑物的自重。

（2）导热性低

密实塑料的热导率一般为约为金属的1/500～1/600。泡沫塑料的热导率约为金属材料的 1/1500、混凝土的 1/40、砖的 1/20，是理想的绝热材料。

（3）比强度高

塑料及其制品轻质高强，其强度与表观密度之比（比强度）远远超过混凝土，接近、甚至超过了钢材，是一种优良的轻质高强材料。

（4）稳定性好

塑料对一般的酸、碱、盐、油脂及蒸汽的作用有较高的化学稳定性。

（5）绝缘性好

塑料是良好的电绝缘体，可与橡胶、陶瓷媲美。

（6）经济性好

建筑塑料制品的价格一般较高，如塑料门窗的价格与铝合金门窗的价格相当，但由于它的节能效果高于铝合金门窗，所以无论从使用效果，还是从经济方面比较，塑料门窗均好于铝合金门窗。建筑塑料制品在安装和使用过程中，施工和维修保养费用也较低。

（7）装饰性优越

塑料表面能着色，可制成色彩鲜艳、线条清晰、光泽明亮的图案，不仅能取得大理石、花岗岩和木材表面的装饰效果，而且还可通过电镀、热压、烫金等制成各种图案和花纹，使其表面具有立体感和金属的质感。

（8）多功能性

塑料的品种多，功能各异。某些塑料通过改变配方后，其性能会发生变化，即使同一制品也可具有多种功能。塑料地板不仅具有较好的装饰性，而且还有一定的弹性、耐污性和隔声性。

除以上优点外，塑料还具有加工性能好，有利于建筑工业化等优良特点。但塑料自身尚存在着一些缺陷，如易燃、易老化、耐热性较差、弹性模量低、刚度差等。

3. 塑料在设计中的应用

（1）生态垃圾桶

由意大利设计师劳尔·巴别利（Raul Barbieli）设计。此款垃圾桶的设计目的是制作一个清洁、小巧、有个性的、具有亲和力的产品。此款设计最引人注意的是垃圾桶的口沿，可脱卸的外沿能将薄膜垃圾袋紧紧卡住。口沿上的小垃圾桶可用来进行垃圾分类。产品采用不透明的 ABS 塑料或半透明的聚丙烯塑料经注射成型而得。产品内壁光滑易于清理，外壁具有一定的肌理效果。

图 2-25　生态垃圾桶　　图 2-26　塑料落地灯与台灯

（2）"LOTO"落地灯和台灯

由意大利设计师古利艾尔莫·伯奇西设计的"LOTO"灯，其特别之处在于灯罩的可变结构。灯罩是由两种不同尺寸的长椭圆形聚碳酸酯塑料片与上下两个塑料套环相连接而成，灯罩的形态可随着塑料套环在灯杆中的上下移动而改变。这种可变的结构是传统灯罩结构与富有想象力的灯罩结构的有机结合。

（四）陶瓷制品

1. 常见的陶瓷砖品种

（1）釉面砖

釉面砖又名"釉面内墙砖""瓷砖""瓷片""釉面陶土

砖"。釉面砖是以难熔黏土为主要原料，再加入非可塑性掺料和助熔剂，共同研磨成浆，经榨泥、烘干成为含有一定水分的坯料，并通过机器压制成薄片，然后经过烘干素烧、施釉等工序制成。釉面砖是精陶制品，吸水率较高，通常大于10%的（不大于21%）属于陶质砖。

釉面砖正面施有釉，背面呈凹凸状，釉面有白色、彩色、花色、结晶、珠光、斑纹等品种。

图2-27 陶瓷制品

图2-28 釉面砖的应用

（2）墙地砖

墙地砖以优质陶土为原料，再加入其他材料配成主料，经半干并通过机器压制成形后于1100℃左右焙烧而成。墙地砖通常指建筑物外墙贴面用砖和室内外地面用砖，由于这类砖通常可以墙地两用，故称为"墙地砖"。墙地砖吸水率较低，均不超过10%。墙地砖背面旱凹凸状，以增加其与水泥砂浆的黏结力。

第二章 环境艺术设计的主客体因素——设计师与设计材料

墙地砖的表面经配料和工艺设计可制成平面、毛面、磨光面、抛光面、花纹面、仿石面、压花浮雕面、无光釉面、金属光泽面、防滑面、耐磨面等品种。

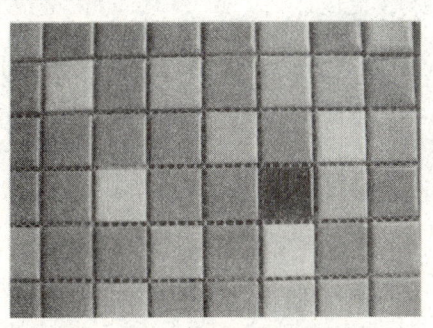

图 2-29 陶瓷砖装饰效果

2. 陶瓷材料的特点

陶瓷材料力学性能稳定，耐高温、耐腐蚀；性脆，塑性差；热性能好，熔点高、高温强度好，是较好的绝热材料，热稳定性较低；化学性能稳定，耐酸碱侵蚀何在环境中耐大气腐蚀的能力很强；导电性变化范围大，大部分陶瓷可作绝缘材料；表面平整光滑，光泽度高。

3. 陶瓷材料在设计中的应用

Muurbloem 工作室的设计师 Gonnette Smits 在欧洲陶瓷工作中心研制开发出一系列陶瓷墙体材料，使其看上去拥有一种更舒服的触觉感受。这种陶瓷材质，耐高温、耐腐蚀、表面坚硬。该产品不仅是一种单一设计理念的实体转化，而是一个产品系列，它能够依据不同工程的具体要求而制作出相适应的产品。用设计师自己的话说："当一座建筑物的外墙看上去好像用手工编织而成的时候，它可以创造出一种奇幻如诗般的意境，而这也正是设计想表达的。我们当然可以在'线'的颜色以及针脚的方式上开些小玩笑，譬如说将它织成一件挪威款毛衫，那样的话，我们就可以将那建筑物描述为一座穿了羊毛衫的大厦了。"

图 2-30　陶瓷"编织墙"

（五）玻璃制品

1. 常见的玻璃品种

（1）平板玻璃

普通平板玻璃具有良好的透光透视性能，透光率达到 85% 左右，紫外线透光率较低，隔声，略具保温性能，有一定机械强度，为脆性材料。其主要用于房屋建筑工程，部分经加工处理制成钢化、夹层、镀膜、中空等玻璃，少量用于工艺玻璃。一般建筑采光用 3～5 毫米厚的普通平板玻璃；玻璃幕墙、栏板、采光屋面、商店橱窗或柜台等采用 5～6 毫米厚的钢化玻璃；公共建筑的大门则用 12 毫米厚的钢化玻璃。

图 2-31　玻璃制品

第二章 环境艺术设计的主客体因素——设计师与设计材料

玻璃属易碎品，故通常用木箱或集装箱包装。平板玻璃在贮存、装卸和运输时，必须盖朝上、垂直立放，并需注意防潮、防水。

图 2-32 平板玻璃

（2）磨砂玻璃

磨砂玻璃又称镜面玻璃，采用平板玻璃抛光而得，分为单面磨光和双面磨光两种。磨光玻璃表面平整光滑，有光泽，透光率达 84％，物像透过玻璃不变形。磨光玻璃主要用于安装大型门窗、制作镜子等。

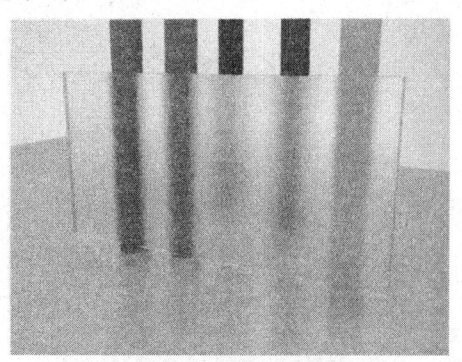

图 2-33 磨砂玻璃

（3）钢化玻璃

将玻璃加热到一定温度后，迅速将其冷却，便形成了高强度钢化玻璃。

钢化玻璃一般具有以下几个方面的特点：机械强度高，具有较好的抗冲击性，安全性能好，当玻璃破碎时，碎裂成圆钝的小碎块，不易伤人；热稳定性好，具有抗弯及耐急冷急热的性能，其最大安全工作温度可达到287.78℃。需要注意的是：钢化玻璃处理后不能切割、钻孔、磨削，边角不能碰击扳压，选用时需按实际规格尺寸或设计要求进行机械加工定制。

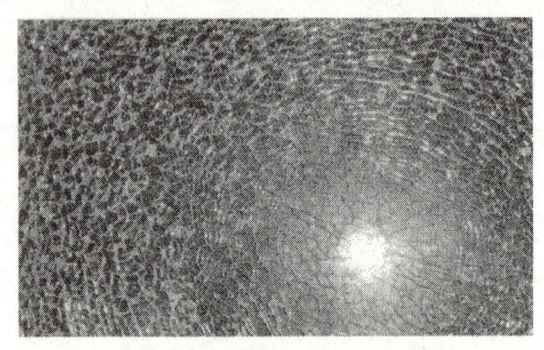

图 2-34　破碎的钢化玻璃

（4）夹丝玻璃

夹丝玻璃是一种将预先纺织好的钢丝网，压入经软化后的红热玻璃中制成的玻璃。夹丝玻璃的特点是安全、抗折强度高，热稳定性好。夹丝玻璃可用于各类建筑的阳台、走廊、防火门、楼梯间、采光屋面等。

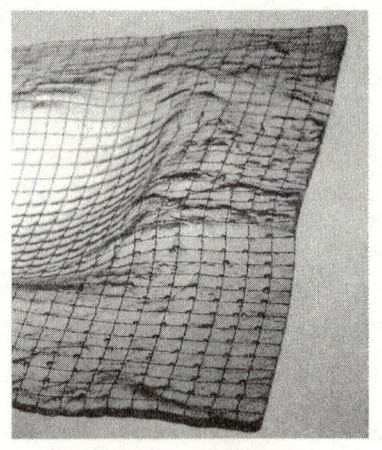

图 2-35　夹丝玻璃

（5）中空玻璃

中空玻璃按原片性能分为普通中空、吸热中空、钢化中空、夹层中空、热反射中空玻璃等。中空玻璃是由两片或多片平板玻璃沿周边隔开，并用高强度胶黏剂密封条黏接密封而成，玻

第二章 环境艺术设计的主客体因素——设计师与设计材料

璃之间充有干燥空气或惰性气体。

中空玻璃可以制成各种不同颜色或镀以不同性能的薄膜，整体拼装构件是在工厂完成的，有时在框底也可以放上钢化、压花、吸热、热反射玻璃等，颜色有无色、茶色、蓝色、灰色、紫色、金色、银色等。中空玻璃的玻璃与玻璃之间留有一定的空腔，因此具有良好的保温、隔热、隔声等性能。

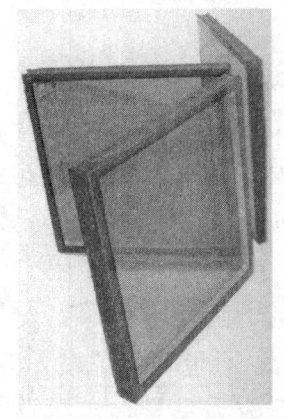

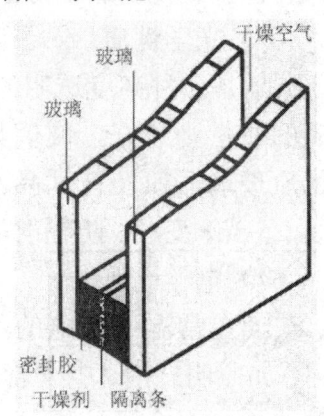

图 2-36 中空玻璃　　　　图 2-37 中空玻璃的构造

（6）变色玻璃

变色玻璃有光致变色玻璃和电致变色玻璃两大类。变色玻璃能自动控制进入室内的太阳辐射能，从而降低能耗，改善室内的自然采光条件，具有防窥视、防眩光的作用。变色玻璃可用于建筑门、窗、隔断和智能化建筑。

2. 玻璃的特点

（1）机械强度

玻璃和陶瓷都是脆性材料。衡量制品坚固耐用的重要指标是抗张强度和抗压强度。玻璃的抗张强度较低，一般在 39～118 兆帕，这是由玻璃的脆性和表面微裂纹所决定的。玻璃的抗压强度平均为 589～1570 兆帕，约为抗张强度的 1～5 倍，因此导致玻璃制品经受不住张力作用而破裂。但是，这一特性在很多设计中却也能得到积极地利用。

（2）硬度

硬度是指抵抗其他物体刻画或压入其表面的能力。玻璃的硬度仅次于金刚石、碳化硅等材料，比一般金属要硬，用普通刀、锯不能切割。玻璃硬度同某些冷加工工序如切割、研磨、雕刻、刻花、抛光等有密切关系。因此，设计时应根据玻璃的硬度来选择磨轮、磨料及加工方法。

（3）光学性质

玻璃是一种高度透明的物质，光线透过愈多，被吸收愈少，玻璃的质量则愈好。玻璃具有较大的折光性，能制成光辉夺目的优质玻璃器皿及艺术品。玻璃还具有吸收和透过紫外线、红外线，感光、变色、防辐射等一系列重要的光学性质和光学常数。

（4）电学性质

玻璃在常温下是电的不良导体，在电子工业中作绝缘材料使用，如照明灯泡、电子管、气体放电管等。不过随着温度上升，玻璃的导电率会迅速提高，在熔融状态下成为良导体。因此导电玻璃可用于光显示，如数字钟表及计算机的材料等。

（5）导热性质

玻璃的导热性只有钢的 1/400，一般经受不住温度的急剧变化。同时，玻璃制品越厚，承受的急变温差就越小。玻璃的热稳定性与玻璃的热膨胀系数有关。例如石英玻璃的热膨胀系数很小，将赤热的石英玻璃投入冷水中不会发生破裂。

（6）化学稳定性

玻璃的化学性质稳定，除氢氟酸和热磷酸外，其他任何浓度的酸都不能侵蚀玻璃。但玻璃与碱性物质长时间接触容易受腐蚀。因此玻璃长期在大气和雨水的侵蚀下，表面光泽会消失、晦暗。此外，光学玻璃仪器受周围介质作用表面也会出现雾膜或白斑。

3. 玻璃在设计中的应用

（1）水晶之城

位于日本东京青山区的普拉达旗舰店如同巨大的水晶，菱

第二章　环境艺术设计的主客体因素——设计师与设计材料

形网格玻璃组成它的表面，这些玻璃或凸或凹，透明半透明的材质与建筑物强调垂直空间的层次感呼应着营造出奇幻瑰丽的感觉。建筑表面的这种处理方式使整幢大楼通体晶莹，俨然一个巨大的展示窗，颠覆了人们对店面展示的概念。

图 2-38　水晶之城

（2）巴黎卢浮宫的玻璃金字塔形

建筑大师贝聿铭采用了玻璃材料，在卢浮宫的拿破仑庭院内建造一座玻璃金字塔。整个建筑极具现代感又不乏古老纯粹的神韵，完美结合了功能性与形式性的双重要素。这一建筑正如贝氏所称："它预示将来，从而使卢浮宫达到完美。"

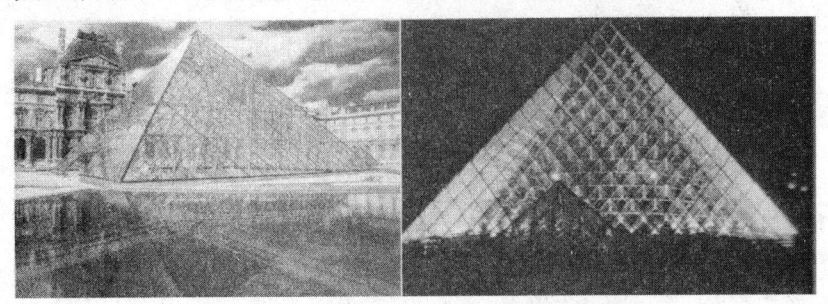

图 2-39　巴黎卢浮宫的玻璃金字塔形

（六）水泥

1.常见的水泥品种

水泥是一种粉末状物质，它与适量水拌和成塑性浆体后，经过一系列物理化学作用能变成坚硬的水泥石。水泥浆体不但能在空气中硬化，还能在水中硬化，故属于水硬性胶凝材料。水泥、砂子、石子加水胶结成整体，就成为坚硬的人造石材（混凝土），再加入钢筋，就成为钢筋混凝土。

水泥的品种很多，按水泥熟料矿物一般可分为硅酸盐类、铝酸盐类和硫铝酸盐类。在建筑工程中应用最广的是硅酸盐类水泥，常用的水泥品种有硅酸盐水泥、普通硅酸盐水泥、矿渣硅酸盐水泥、火山灰质硅酸盐水泥和粉煤灰硅酸盐水泥等。此外，还有一些具有特殊性能的特种水泥，如快硬硅酸盐水泥、白色硅酸盐水泥与彩色硅酸盐水泥、铝酸盐水泥、膨胀水泥、特快硬水泥等。

建筑装饰装修工程主要用的水泥品种是硅酸盐水泥、普通硅酸盐水泥、白色硅酸盐水泥。

2. 水泥在设计中的应用

水泥作为饰面材料还需与砂子、石灰（另掺加一定比例的水）等按配合比经混合拌和组成水泥砂浆或水泥混合砂浆（总称抹面砂浆），抹面砂浆包括一般抹灰和装饰抹灰。

（七）金属制品

1. 常见的金属制品

在设计中，常用的金属材料有钢、金、银、铜、铝、锌、钛及其合金和与非金属材料组成的复合材料（包括铝塑板、彩钢夹芯板等）。金属材料可加工成板材、线材、管材、型材等多种类型以满足各种使用功能的需要。此外，金属材料还可以用作雕塑等环境装饰。

2. 金属材料的特点

金属材料不仅可以保证产品的使用功能，还可以赋予产品和环境一定的美学价值，使产品或环境呈现出现代风格的结构美、造型美和质地美。金属材料有以下几个特点：

(1) 金属材料表面均有一种特有的色彩，反射能力良好，具有不透明性和金属光泽，呈现出坚硬、富丽的质感效果。

(2) 金属材料具有较高的熔点、强度、刚度和韧性。

(3) 金属材料具有良好的塑性成型性、铸造性、切削加工及焊接等性能，因此具有很强的加工性能。

(4) 金属材料的表面工艺比较好，在金属的表面即可进行各种装饰工艺获得理想的质感。

(5) 金属材料具有良好的导电性和导热性。

(6) 金属的化学性能比较活泼，因而易于氧化生锈，易被腐蚀。

图 2-40 锻铜浮雕

3. 金属材料在设计中的应用

(1) PH5 灯具

PH5 灯具由丹麦设计师保罗·海宁森设计。灯具由多块遮光片组成，其制作过程是用薄铝板经冲压、钻孔、铆接、旋压等加工制成。在遮光片内侧表面喷涂白色涂料，而外侧则有规律地配以红色、蓝色和紫红色涂料。

(2) 法国文化部的新装

法国文化部大楼用现代的新衣隐藏了它过时的外观。用不锈钢条焊接而成的"网"，既呈现出光亮的外表，又可隐约透露出陈旧的外墙，当然，也显现出一点神秘的感觉。

图 2-41 PH5 灯具

图 2-42 法国文化部的新装

（八）石膏

石膏是一种白色粉末状的气硬性无机胶凝材料，具有孔隙率大（轻）、保温隔热、吸声防火、容易加工、装饰性好的特点，所以在室内装饰装修工程中广泛使用。常用的石膏装饰材料有石膏板、石膏浮雕和矿棉板三种。

1. 石膏板

石膏板的主要原料为建筑石膏，具有质轻、绝热、不燃、防火、防震、应用方便、调节室内湿度等特点。为了增强石膏板的抗弯强度，减小脆性，往往在制作时掺加轻质填充料，如锯末、膨胀珍珠岩、膨胀蛭石、陶粒等。在石膏中掺加适量水泥、粉煤灰、粒化高炉矿渣粉，或在石膏板表面粘贴板、塑料壁纸、

第二章　环境艺术设计的主客体因素——设计师与设计材料

铝箔等，能提高石膏板的耐水性。若用聚乙烯树脂包覆石膏板，不仅能用于室内，也能用于室外。调节石膏板厚度、孔眼大小、孔距等，能制成吸声性能良好的石膏吸声板。

以轻钢龙骨为骨架，石膏板为饰面材料的轻钢龙骨石膏板构造体系是目前我国建筑室内轻质隔墙和吊顶制作的最常用做法。其特点是自重轻，占地面积小，增加了房间的有效使用面积，施工作业不受气候条件影响，安装简便。

2. 石膏浮雕

以石膏为基料加入玻璃纤维可加工成各种平板、小方板、墙身板、饰线、灯圈、浮雕、花角、圆柱、方柱等，用于室内装饰。其特点是能锯、钉、刨、可修补、防火、防潮、安装方便。

3. 矿棉板

矿物棉、玻璃棉是新型的是室内装饰材料，具有轻质、吸声、防火、保温、隔热、美观大方、可钉可锯、施工简便等特点。其装配化程度高，完全是干作业。常用于高级宾馆、办公室、公共场所的顶棚装饰。

矿棉装饰吸声板是以矿渣棉为主要材料，加入适量的黏结剂、防腐剂、防潮剂，经过配料、加压成形、烘干、切割、开榫、表面精加工和喷涂而制成的一种顶棚装饰材料。

矿棉吸声板的形状，主要有正方形和长方形两种，常用尺寸有 500 毫米×500 毫米、600 毫米×600 毫米或 300 毫米×600 毫米、600 毫米×1200 毫米等，其厚度为 9～20 毫米。

矿物棉装饰吸声板表面有各种色彩，花纹图案繁多，有的表面加工成树皮纹理，有的则加工成小浮雕或满天星图案，具有各种装饰效果。

第三章 环境艺术设计的思维因素
——形式法则及思维方法

环境艺术设计的思维因素，体现在环境艺术设计的形态要素（包括形体、色彩、材质、光影）、环境艺术设计的形式法则以及环境艺术设计的思维方法三个方面。

第一节 环境艺术设计的形态要素

一、何为形态

顾名思义，"形"意为"形体""形状""形式"，"态"意为"状态""仪态""神态"，就是指事物在一定条件下的表现形式，它是因某种或某些内因而产生的一种外在的结果。

二、环境艺术设计的形态要素概述

（一）意识、功能、形式的关系

构成环境艺术的形态要素有形状、色彩、肌理等，它与功能、意识等内在因素有着相辅相成的必然联系，即意识产生功能—功能决定形式—形式反映意识。所以，在讨论环境艺术的"形态"要素时一定要清晰，没有拒绝意识和脱离功能的形式存在，反过来，形式的存在必然为实现功能和为传达意识服务，见图3-1。

第三章　环境艺术设计的思维因素——形式法则及思维方法

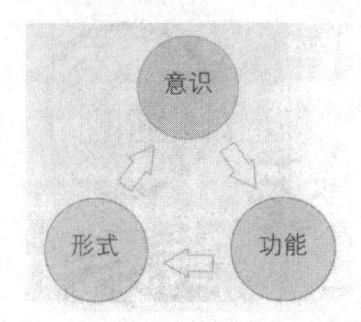

图 3-1　意识、功能、形式的关系图示

（二）造型因素中形态的意义

造型因素中形态的意义体现在以下两个方面：

（1）指某种特定的外形，是物体在空间中所占的轮廓，自然界中一切物体均具备形态特征。

（2）包括物的内在结构，是设计物的内外要素统一的综合体，见图 3-2。

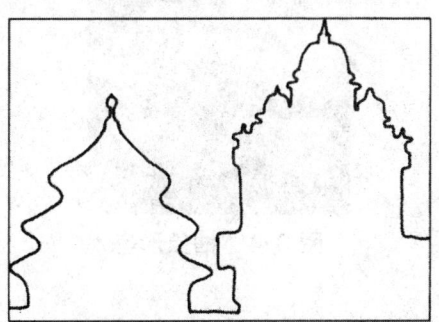

图 3-2　造型因素中形态的两个层次

（三）形态的类型

1. 具象形态

具象形态泛指自然界中实际存在的各种形态（图 3-3），是人们可以凭借感官和知觉经验直接接触和感知的，因此，它又称为现实形态。

环境艺术设计的影响因素与表达手段

图3-3 具象形态

2. 抽象形态

抽象形态又称纯粹形态和理念形态,是经过人为的思考凝练而成,具有很强的人工成分,它包括几何抽象形、有机抽象形和偶发抽象形(图3-4)。

图3-4 抽象形态

(四)形态的创造

通过点、线、面、体构成的具象或抽象形态创造,离不开不同的材料和技术手段。材料表面的肌理和质感以及技术工艺所造成的质量效果,都不同程度地影响着形态的差异和传达的视觉感受。[1]

---

[1] 如动物、植物等具象形态所形成的亲切、自然的信息,通过木材天然的肌理效果和手工加工工艺的朴拙、柔和,会给人一种浑然天成的亲切生动的感受;正方体和直线构成的几何抽象形态与金属材料光洁、滑爽的肌理和机器加工技术形成的精致、秩序,能够传达出设计物冷静、理性的视觉印象;而多种形态、材料和加工技术的协调组合,则会给人一种丰富的综合的联想。

第三章 环境艺术设计的思维因素——形式法则及思维方法

（五）单个物体在设计上的形态要素

人们对可见物体的形态、大小、颜色和质地、光影的视知觉是受环境影响的，在视觉环境中看到它们，能把它们从环境中分辨出来。从积累的丰富视觉经验总结出单个物体在设计上的形态要素主要有：尺度、色彩、质感和形状。

1. 尺度

尺度是形式的实际量度，是它的长、宽和确定形式的比例。物体尺度是由它的尺寸与周围其他形式的关系所决定的，如图3-5所示。

图3-5 法国德方斯广场花坛尺度的变化

2. 色彩

色彩是形式表面的色相、明度和色调彩度，是与周围环境区别最清楚的一个属性。同时，它也影响到形式的视觉重量，如图3-6所示。

3. 质感

质感是形式的表面特征。质感影响到形式表面的触点和反射光线的特性，如图3-7所示。

图 3-6　室内环境中色彩的运用

图 3-7　材质带来的新颖感受

4. 形状

形状是形式的主要可辨认形态，是一种形式的表面和外轮廓的特定造型，如图 3-8 所示。

图 3-8　形状突出对于设计的强化

第三章 环境艺术设计的思维因素——形式法则及思维方法

以上是单个物体的主要形态要素，但就环境艺术这一关于空间的艺术而言，从整体的角度来看，环境艺术设计的形态要素的范畴更为广博，它包含形体、色彩、材质、光影等四个方面。

三、环境艺术设计的形态要素之一——形体

形体是环境艺术中建构性的形态要素。任何一个物体，只要是可视的，都有形体，是我们直接建造的对象。形是以点、线、面、体、形状等基本形式出现的，并由这些要素限定着空间，决定空间的基本形式和性质，它在造型中具有普遍的意义，是形式的原发要素，如图3-9和图3-10所示。

图3-9 形体要素的普遍意义（1）

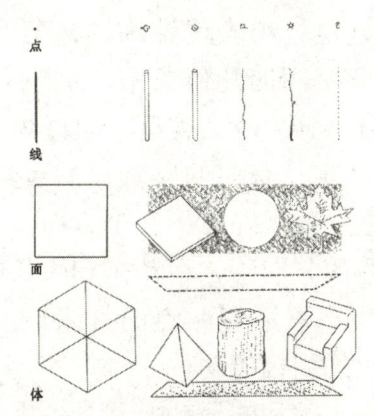

图3-10 形体要素的普遍意义（2）

（一）点

点是人们虚拟的形态，在概念上没有长、宽、高，它是静止的、没有方向感的，具有最简洁的形态，是最小的构成单位，但在环境艺术中因其凝聚有力、位置灵活、变化丰富显露出特殊的表情特点。点的特性体现在以下几个方面：

第一，当一个点处于区域或空间中央时，它稳固、安定，并且能将周围其他要素组织起来，建构秩序，控制着它所处的范围。

第二，当它从中央的位置挪开时，在保留自我中心特征的同时，更表现出能动、活跃的特质。

第三，室外环境中，静止的点往往是环境的核心，动态的点形成轨迹。

第四，点的阵列能强化形式感，并引导人的心理向面的性质过渡。

第五，作为形式语汇中的基本要素，一个点可以用来标志一条线的两端、两线的交点、面或体的角上线条相交处。

（二）线

线是点在空间中延伸的轨迹，给人以整体、归纳的视觉形象。线要素也是设计过程中表现结构、构架及相关事物关系的联络要素。它对规整空间的几何关系、构筑方式的强化都有非常重要的作用。线可以分为两大类型，即直线系列和曲线系列，前者给人以理性、坚实、有力的感觉，后者给人以感性、优雅的感受。线的特性主要体现在以下几个方面：

第一，具有强烈的方向感、运动感和生长的潜能。

第二，直线表现出联系着两点的紧张性；斜线体现出强烈的方向性，视觉上更加积极能动。

第三，曲线表现出柔和的运动，并具备生长潜能。

第四，如果有同样或类似的要素做简单的重复并达到足够

第三章　环境艺术设计的思维因素——形式法则及思维方法

的连续性，那这个要素也可以看成是一条线，它有着很重要的质感特性。

第五，一条或一组垂直线，可以表现出一种重力或者人的平衡状态，或者标出空间中的位置。

第六，一条水平线，在设计中水平线常具有大地特征的暗示作用。

第七，斜线是视觉动感的活跃因素，往往体现着一种动态的平衡。

第八，垂直的线要素，可以用来限定通透的空间。

（三）面

一条线在自身方向之外平移时，界定出一个面。面是由二维的长度和宽度来确定，依其构成方式，一般可以概括成为几何形、有机形和偶然形。面的基本属性是它的形状、颜色和质地特征。

面是环境艺术无论室外或室内设计中的空间基础，三维空间的面构成相互的关系，决定了它们所界定的空间的形式与特性。面的特性主要有：

第一，一条线可以展开成一个面。从概念上讲，一个面有长度和宽度，但没有深度。

第二，面的第一性是形状，它是由形成面的外边缘的轮廓线确定的。我们看一个面的形状时可能由于透视而失真，所以，只有正面看的时候，才能看到面的真正形状。

第三，一个面的色彩和质感将影响到它视觉上的重量感和稳定感。

第四，在可见结构的造型中，面可以起到空间限定的作用。因为作为视觉艺术的建筑，面是专门处理形式和空间的关于三度体积的设计手段，所以面在建筑设计的语汇中便成为一个很重要的因素。

（四）体

一个面，在沿着它自己表面的方向扩展时，即可形成一个体量。从概念上讲，一个体有长度、宽度和深度三个量度。作为环境设计的基本技能之一，我们要形成研究体量的图底关系的敏锐观察力。可见体形能赋予空间以尺度关系、颜色和质地，同时，空间也默示着各个体形的相互关系。这种体形与空间的共生关系可以在空间设计的尺度层次中得到体验。关于体的特性主要有：

（1）体是由面的形状和面之间的相互关系所决定的，这些面表示体的界限。

（2）作为建筑设计语汇中三度的要素，一个体可以是实体，即体量所置换的空间；也可以是虚体，即由面所包容或围起的空间。

（3）一个体量所特有的体形，是由描述出体量的边缘所用的线和面的形状与内在关系决定的，可以运用扭转、叠加等手法增加体的变化。

（4）作为构成形态的元素之一的体量，还能以突出的形态特征插入到群体体量中从而获得强烈的对比效果。

实体中，抽象的几何体量有：球体[1]、圆柱体[2]、圆锥[3]、棱锥[4]和立方体[5]。

---

[1] 球体是一个向心性和高度集中性的形式，在它所处的环境中可以产生自我为中心的感觉，通常呈稳定的状态。
[2] 圆柱是一个以轴线呈向心性的形式，轴线是由两个圆的中心连线所限定的。它可以很容易地沿着此轴延长。如果它停放在圆面上，圆柱呈一种静态的形式。
[3] 圆锥是以等腰三角形的垂直轴线为轴旋转而派生的形体，像圆柱一样，当它坐在圆形基面上的时候，圆锥是一个非常稳定的形式；当它的垂直轴倾斜或者倾倒的时候，它就是一种不稳定的形式。它也可以用尖顶立起来，呈一种不稳定的均衡状态。
[4] 棱锥的属性与圆锥相似，但是，因为它所有的表面都是平面，棱锥可以在任一表面上呈稳定状态。圆锥是一种柔和的形式，而棱锥相对来说则是带棱带角比较硬的形式。
[5] 立方体是一个有棱角的形式，它有六个尺寸相等的面，并有十二个等长的棱。因为它的几个量度相等，所以缺乏明显的运动感或方向性，是一种静的形式。

第三章 环境艺术设计的思维因素——形式法则及思维方法

（五）形状

形状有三种情况：自然形，包括自然界中各种形象的体形；非具象形，是有特定含义的符号；几何形，根据观察自然的经验，人为创建的形状，几乎主宰了建筑和室内设计的建造环境，最醒目的有圆形、三角形和正方形。每种形状都有自身的特点和功能，对于环境艺术设计的实践有重要的作用。它们在设计中运用非常灵活、富于变化。形状的特性主要有：

（1）图纸空间被形状分割为"实"和"虚"两部分，形成图底关系。

（2）形状被赋予性格，它的开放性、封闭性、几何感、自然感都对环境艺术起着重要的影响。例如圆形给人完满、柔和的感觉，扇形活泼，梯形稳重而坚固，正方形雅致而庄重，椭圆流动而跳跃。

（3）对形的研究还涉及民族的潜意识和心理倾向。特别是固定样式成为民族化语言的主要表达方式。

形状中，最重要的基本形是圆[1]、三角形[2]和正方形[3]。

四、环境艺术设计的形态要素之二——色彩

色彩是环境艺术设计中最为生动、活跃的因素，能造成特殊的心理效应。

（一）色彩的三要素

色相、明度和纯度是色彩的三要素。

---

[1] 一系列的点，围绕着一个点均等并均衡安排。圆是一个集中性、内向性的形状，通常它所处的环境是以自我为中心，在环境中有统一规整其他形状的重要作用。
[2] 强烈地表现稳定感。当三角形的边不受到弯曲或折断时，它是不会变形的，因而三角形的这种形状和图案常常被用在结构体系中。从纯视觉的观点看，当三角形站立在它的一个边上时，三角形的形状亦属稳定。然而，当它伫立在某个顶点时，三角形就变得动摇起来。当它倾斜向某一边时，它也可处于一种不稳定状态或动态之中。
[3] 它有四个等边的平面图形，并且有四个直角。像三角形一样，当正方形坐在它的一个边上的时候，它是稳定的；当立在它的一个角上的时候，则是动态的。

1. 色相

色相是色彩的表象特征，即色彩的相貌，也可以说是区别色彩用的名称。通俗一点讲，所谓色相是指能够比较确切地表示某种颜色的色别名称，用来称谓对在可视光线中能辨别的每种波长范围的视觉反应。色相是有彩色的最重要的特征，它是由色彩的物理性能所决定的，由于光的波长不同，特定波长的色光就会显示特定的色彩感觉，在三棱镜的折射下，色彩的这种特性会以一种有序排列的方式体现出来，人们根据其中的规律性，便制定出色彩体系。色相是色彩体系的基础，也是我们认识各种色彩的基础，有人称其为"色名"，是我们在语言上认识色彩的基础。

2. 明度

明度是指色彩的明暗差别。不同色相的颜色，有不同的明度，黄色明度高，紫色明度低。同一色相也有深浅变化，如柠檬黄比橘黄的明度高，粉绿比翠绿的明度高，朱红比深红的明度高等等。在无彩色中，明度最高的色为白色，明度最低的色为黑色，中间存在一个从亮到暗的灰色系列。在有彩色中，任何一种纯度色都有着自己的明度特征。例如，黄色为明度最高的色，处于光谱的中心位置；紫色是明度最低的色，处于光谱的边缘。

3. 纯度

"纯度"又称"饱和度"，它是指色彩鲜艳的程度。纯度的高低决定了色彩包含标准色成分的多少。在自然界，不同的光色、空气、距离等因素，都会影响到色彩的纯度。比如，近的物体色彩纯度高，远的物体色彩纯度低；近的树木的叶子色彩是鲜艳的绿，而远的则变成灰绿或蓝灰等。

（二）色彩的情感效应

色彩的情感效应及所代表的颜色，见表3-1。

第三章 环境艺术设计的思维因素——形式法则及思维方法

表 3-1 色彩的情感效应

色彩情感	产生原理	代表颜色
冷暖感	冷暖感本来是属于触感的感觉，然而即使不去用手摸而只是用眼看也会感到暖和冷，这是由于一定的生理反应和生活经验的积累的共同作用而产生的。色彩冷暖的成因作为人类的感温器官，皮肤上广泛地分布着温点与冷点，当外界高于度肤温度的刺激作用于皮肤时，经温点的接受最终形成热感，反之形成冷感。	暖色，如紫红、红、橙、黄、黄绿；冷色，如绿、蓝绿、蓝、紫。
轻重感	轻重感是物体质量作用于人类皮肤和运动器官而产生的压力和张力所形成的知觉。	明度、彩度高的暖色（白、黄等），给人以轻的感觉；明度、彩度低的冷色（黑、紫等），给人以重的感觉；按由轻到重的次序排列为：白、黄、橙、红、中灰、绿、蓝、紫、黑。
软硬感	色彩的明度决定了色彩的软硬感。它和色彩的轻重感也有着直接的关系。	明度较高、彩度较低、轻而有膨胀感的暖色显得柔软；明度低、彩度高、重而有收缩感的冷色显得坚硬。
欢快和忧郁感	色彩能够影响人的情绪，形成色彩的明快与忧郁感，也称色彩的积极与消极感。	高明度、高纯度的色彩比较明快、活泼，而低明度、低纯度的色彩则较为消沉、忧郁。无彩色中黑色性格消极，白色性格明快，灰色适中，较为平和。
舒适与疲劳感	色彩的舒适与疲劳感实际上是色彩刺激视觉生理和心理的综合反应。	暖色容易使人感到疲劳和烦躁不安，容易使人感到沉重、阴森、忧郁，清淡明快的色调能给人以轻松愉快的感觉。
兴奋与沉静感	色相的冷暖决定了色彩的兴奋与沉静，暖色能够促进我们全身机能、脉搏增加和促进内分泌的作用；冷色系则给人以沉静感。	彩度高的红、橙、黄等鲜亮的颜色给人以兴奋感；蓝绿、蓝、蓝紫等明度和彩度低的深暗的颜色给人以沉静感。
清洁与污浊感	有的色彩令人感觉干净、清爽，而有的浊色，常会使人感到藏有污垢。	清洁感的颜色如明亮的白色、浅蓝、浅绿、浅黄等；污浊的颜色如深灰或深褐。

（三）色彩、基调、色块的分布以及色系

为一个室内空间制订色彩方案时，必须细心考虑将要设定的色彩、基调以及色块的分布。方案不仅应满足空间的目的和应用，还要顾及其建筑的个性。

色系相当于一本"配色词典"，能够为设计师提供几乎全部可识别图标。由于色彩在色系中是按照一定的秩序排列、组织，因此，它还可以帮助设计师在使用和管理中提高效率。然而，色系只提供了色彩物理性质的研究结果，真正运用到实际设计中，还需要考虑到色彩的生理和心理作用以及文化的因素。

五、环境艺术设计的形态要素之三——材质

材质在审美过程中主要表现为肌理美，是环境艺术设计重要的表现性形态要素。人们在和环境的接触中，肌理起到给人各种心理上和精神上引导和暗示的作用。

材料的质感综合表现为其特有的色彩光泽、形态、纹理、冷暖、粗细、软硬和透明度等诸多因素上，从而使材质各具特点，变化无穷。可归纳为粗糙与光滑、粗犷与细腻、深厚与单薄、坚硬与柔软、透明与不透明等基本感觉。材质的特性有以下几个方面：

第一，质地分触觉质感[1]和视觉质感[2]两种类型。

第二，材质不仅给我们肌理上的美感，还在空间上得以运用，能营造出空间的伸缩、扩展的心理感受，并能配合创作的意图营造某种主题。质地是材料的一种固有本性，可用它来点缀、装修，并给空间赋予含义。

第三，材质包括天然材质和人工材质两大类。[3]

---

[1] 触觉质感是真实的，在触摸时可以感觉出来。
[2] 视觉质感是眼睛看到的，所有触觉质感也均给人以视觉质感。一方面视觉质感可能是真实的，另一方面视觉质感可能是一种错觉。
[3] 天然材质包括石材、木材、天然纤维材料等；人工材质包括金属、玻璃、石膏、水泥、塑料等。

第三章　环境艺术设计的思维因素——形式法则及思维方法

第四，尺度大小、视距远近和光照，在对质地的感觉上都是重要的影响因素。

第五，光照影响着我们对质地的感受，反过来，光线也受到它所照亮的质地的影响。[①]

另外，图案[②]和纹理是与材质密切关联的要素，可以视为材质的邻近要素。

六、环境艺术设计的形态要素之四——光影

光与照明在环境艺术设计的运用中越来越重要，是环境艺术设计中营造性的形态要素。

正如建筑的实体与空间的关系一样，光与影也是一对不可割裂的对应关系。设计师在对光的设计筹划中，影也常常作为环境的形态造型因素考虑进去。为了达到某种特殊的光影效果而考虑照明方式的设计案例不胜枚举。现代环境艺术设计的光主要有自然光环境与人工光环境两大类。

（一）自然光环境

自然光环境作为空间的构成因素，烘托环境气氛，表现主题意境，满足人们渴求阳光、自然的心理需求，而且越来越上升到重要的地位。

（二）人工光环境

人工照明的最大特点是可以随人们的意志而变化。光的来源形式通过光和色彩的强弱调节，创造静止或运转的多种空间

---

① 当直射光斜射到有实在质地的表面上时，会提高它的视觉质感。漫射光线则会减弱这种实在的质地，甚至会模糊掉它的三维结构。
② 图案的特性有：a.是一种表面上的点缀性或装饰性设计；b.图案总是在重复一个设计的主题图形，图案的重复性也带给被装饰表面一种质地感；c.图案可以是构造性的或是装饰性的。构造性的图案是材料的内在本性以及由制造加工方法、生产工艺和装配组合的结果。装饰性图案则是在构造性过程完成后再加上去的。

环境气氛，给环境和场所带来生机。人工照明又分为直接照明、间接照明、漫射照明、基础照明、重点照明、装饰照明等几种类型。其中，局部照明和工作照明是为了完成某种使用视力的工作或进行某种活动而去照亮空间的一块特定区域。重点照明是空间中局部照明的一种形式，它产生各种聚焦点以及明与暗的有节奏图形，以替代那种仅仅为照亮某种工作或活动的功用。重点照明可用来缓解普通照明的单调性，它突出了房间的特色或强调某个艺术精品和珍藏。

综上，环境艺术设计的形态要素是我们创作和审美时重要的手段，也是环境艺术设计学习中创意思维的基础。正如一位语言大师必须熟练地运用词汇一样，我们也应熟知这四个要素及其相互的关系，并且，还要用我们的聪明才智来扩展、发掘它们的各种可能性。

第二节 环境艺术设计的形式法则

一、节奏与韵律

节奏与韵律，在环境艺术设计中是指造型要素有规律地重复。这种有条理的重复会形成单纯的、明确的联系，富有机械美和静态美的特点，会产生出高低、起伏、进退和间隔的抑扬律动关系。在建筑形式塑造中，节奏与韵律的主要机能是使设计产生情绪效果，具有抒情意味。

形式美中的"节奏"，是在运动的快慢变化中求得变化，而运动形态中的间歇所产生的停顿点形成了单元、主体、疏密、断续、起伏的"节拍"，构成了有规律的美的形式。

节奏与韵律概括起来可以分为以下几类：

第三章 环境艺术设计的思维因素——形式法则及思维方法

（一）渐变的韵律

渐变的韵律，是指环境艺术设计中对相关元素的形式有条理地、按照一定数列比例进行重复的变化，从而产生出渐变的韵律。渐变的形式是多样式化的，多以高低、长短、大小、方向、色彩、明暗变化等多种渐变。如图3-11所示是福建的土楼建筑环境，在建筑垂直方向的构图中，圆形从上到下有条理地缩小，在实用的前提下，较多兼用了渐变韵律的特点，产生了形式美感。中国的古塔、亭、台、阁的造型，以及一些现代环境艺术设计中（比如上海金茂大厦等），都运用了垂直方向上的渐变韵律，从而产生了优秀的垂直韵律。

图3-11 福建土楼渐变韵律

形式美中的渐变"韵律"是一种调和的美的格律，是一种秩序与美的协调。这种手法一般较多地适用于文化、娱乐、旅游、幼托设施及建筑小品等方面。在这一类环境设计中，从结构骨架、纹样组织、线脚元素、比例、尺度，到形态的变化，以及形象的反复、渐变等，都像律诗那样有着严格的音节和韵体，从而产生了一种非常有表现力的优美的形式。

（二）连续的韵律

将环境中的一个或几个元素形式按照一定的规律进行连续排列，就会产生不同的韵律美。在一些元素形状相同的重复中，能产生强烈的连续美。我们还可以通过改变间距的方式，采用不同的分组，（这时，它重复的韵律依然存在）在这种有规律的间隔重复中，又可以产生新的连续的韵律，如建筑物的门窗、柱、线脚就常采用这些构图手段。当构图元素基本形状不相同时，尺寸的重复（间距尺寸相等），韵律的特点仍然能够得以体现。

例如，图 3-12 中的利雅得外交部大厦通过连续韵律的灯具排列而形成一种奇特的气氛。

图 3-12　具有连续韵律的灯具布置

形式美的各种表现形态都是对立统一的具体化，都贯彻着"寓多样于统一"这样一种形式的基本规律中。"单调划一"的形式不但不能表现复杂、多变的事物，也无所谓美。但是，仅仅有"多""不一样"的杂乱无章、光怪迷离，却只会使人眼花缭乱。

根据这些形式美的法则进行建筑的整体或局部设计，能够强化环境设计的审美主体，并对环境设计的功能赋予审美情趣，使环境设计表现出鲜明的个性特征和强烈的艺术感染力。环境设计，尤其是建筑设计具有独特的艺术语言，如空间序列的组织、体量与虚实的处理、蒙太奇式的表现手法、色彩与装饰规律的应用等。按照这些形式美的法则来编辑和使用这些语言，借以充分表情达意，能够产生更高的审美价值。

（三）交错韵律

交错韵律，指把连续重复的要素相互交织、穿插，从而产

第三章 环境艺术设计的思维因素——形式法则及思维方法

生一种忽隐忽现的效果。例如，图3-13为法国奥尔赛艺术博物馆大厅的拱顶，雕饰件和镜板构成了交错韵律，增添了室内环境的古典气息。

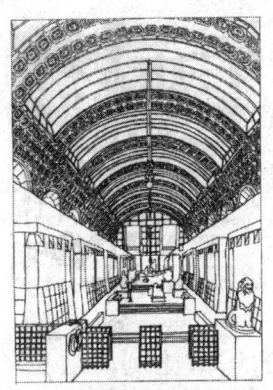

图3-13 法国奥尔赛艺术博物馆大厅的拱顶

（四）起伏韵律

起伏韵律，指将渐变韵律按一定的规律时而增加，时而减小，有如波浪起伏或者具有不规则的节奏感，活泼而富有运动感。例如，图3-14为纽约埃弗逊美术馆旋转楼梯，它通过混凝土可塑性而形成的起伏韵律颇有动感。

图3-14 纽约埃弗逊美术馆旋转楼梯

总之，韵律与节奏本身是一种变化。造型艺术是由形状、色彩、质感等多种要素在同一空间内展开的，其韵律较之音乐更为复杂，因为它需要从空间的节奏与韵律的变化中体会到设计者的"心声",即"音外之意、弦外之音"。

二、比例与尺度

比例与尺度,是环境艺术设计形式中各要素之间的逻辑关系,即数比美学关系在环境艺术设计中的体现。一切环境中的要素都是在一定尺度内得到适宜的比例,比例的美也是从尺度中产生的。

(一)比例

环境艺术设计中的运用比例,常见的有黄金分割、调和数列、等差数列、平方根、裴波那契数列、贝尔数列、等比数列等。比例的优劣,需从整体关系、主次关系、虚实关系来确定。

1. 黄金分割

黄金分割又称黄金比例,将一个线段分割成a(长段)、b(短段)时,(a+b)/a=a/b=1.618,如下图所示。

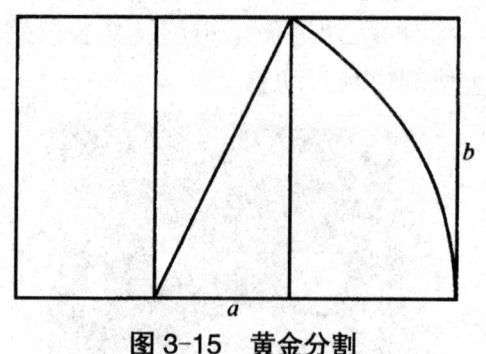

图 3-15 黄金分割

19世纪后半叶,德国美学家柴侬辛又进一步研究了黄金比例。在黄金矩形中,包含着一个正方形和一个倒边黄金矩形,利用这一系列边长为黄金比例的正方形,又可以做出黄金涡线来。

古希腊人认为"黄金比例"体现出了典雅、稳重、和谐之美。日常生活中这两种黄金比矩形被广泛应用,如明信片、纸币、邮票,以及有些国家的国旗,都采用了这种比例。

2. 调和数列

如果以某一个长度 H 作基准，将其按 1/1、1/2、1/4、1/4、1/5……连续分割下去，就可获得调和的数列，H/1、H/2、H/4、H/4、H/5、H/6、H/7、H/8……。

3. 等差数列

等差数列指形式间具有相等差值的一组连续数列比。如 1, 2, 3, 4, 5, 这种数比如果转换为具体的造型形象表现为相等的阶梯状，而这种平均比例关系在造型上是较单调的。

4. 平方根

在古希腊时期，平方根矩形在建筑、杯、镜和其他设计的骨架中广泛采用。

平方根矩形是以正方形的一边和对角线作矩形，并不断以对角线继续作矩形得出的系列平方根矩形。其中最重要的是 5 的平方根矩形，它包含一个正方形和两个倒边黄金矩形（图 3-16）。

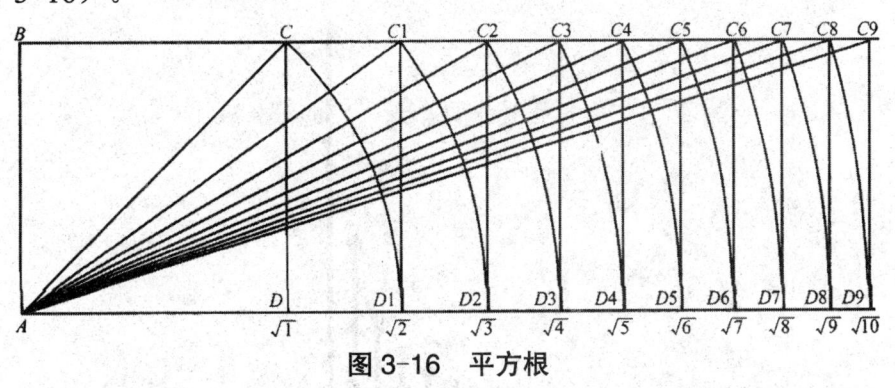

图 3-16 平方根

（以 A 为圆点，AC 为半径作弧，使之与 AD 的延长线相较于 D1 点。然后以 D1 点引出一条垂直于底边的直线，从而构成 $\sqrt{2}$ 型的矩形。）

5. 斐波那契数列

斐波纳契数列是一种整数数列，每一个数都是前一个数和再前一个数相加之和。这组数列为 1, 1, 2, 3, 5, 8, 13……

每个数字都是前两个数字之和：1+1=2，1+2=3，2+3=5，等等。

在这样的数列中，隐藏了众多的自然界秘密和巧合。比如雏菊的花瓣、向日葵的葵盘中的子等，它的特点是一种有规律的平稳变化。

6. 贝尔数列

贝尔数列是以 1、2、5、12、29、70……的排列形式出现的。它的每一项均为前项的二倍与再前项相加，如 2×5+2=12，2×12+5=29，2×29+12=70。

这种数列的特点与等比数列相同，美感在于大小可以急剧地增加或减少之中，造成一种剧烈、强劲有力的变化感觉。

7. 等比数列

等比数列等比数列指具有相同比值的数列。若第一项为1，以 n 为公比依次乘下去可得等比数列 1、n、$n2$、$n4$……等比数列变化基于集合数列，越往后的变化给人的感觉越强烈（图3-17）。

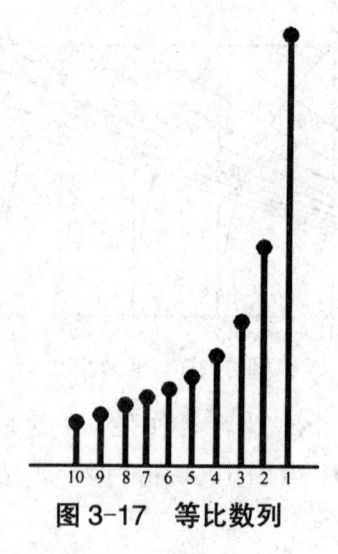

图 3-17　等比数列

（二）心理尺度

艺术规律中，常常是把繁杂的不同因素处理在一个高度统

第三章 环境艺术设计的思维因素——形式法则及思维方法

一、高度概括、结构完整的构图中,认为是一种崇高的形式。在具有三度空间的建筑体上,人们认为简单的并且容易认识的几何形状都具有必然的统一感。同样在平面构图中,凡是简单的平面几何图形,比如圆、正三角形、正方形,都令人感到和谐的效果。一些公认为优秀的形式美经典构图,都会被人们用简单的几何图形进行分析、图解、探索。

从构思的角度上说,圆形的音乐厅能产生一种向心力,有很好的观赏效果。尼罗河畔的茫茫利比亚沙漠中的金字塔群及环境(图3-18),在没有任何参照物尺度作对比的照片上,人对金字塔的印象不可能深刻。当人们见到金字塔前方数百米的驼队在古金字塔为背景的画面上像蚂蚁队般的蠕动前行,人们就会为宏伟的金字塔为什么能体现法老的威慑力量而叹服。如果人们有机会站在尼罗河的东岸眺望对岸的金字塔,古埃及自然朦胧的原始美更会令人为之震撼。

图 3-18 金字塔及环境

如何把握环境艺术设计的尺度呢?外部环境有尺度问题,内部空间也有尺度问题。比如建筑环境设计,一处具体的线脚及凹凸变化的墙面,在室外看来精巧而简练,搬到室内就显得庞大和粗糙。一些广场上及大草坪中的人物雕像,常常是雕塑家的难题。人们与它的接近程度不同,成为其尺度大小可变的因素,真人大小的雕塑从稍远的距离看去,就成为比例不当的小孩模样。比例尺度受多种因素变化的影响。苏州古典园林为私家山水园林,其造景把自然山水浓缩于园中,建筑小巧精致,道路曲折蜿蜒,大小相宜,由于供少数人起居游赏,其尺度是很合理的。但在旅游事业飞速发展的今天,大量人流涌入就显得狭小而拥挤,其尺度就不太符合今天的需要。

(三)比例与尺度的关系

用简单的几何图形分析经典构图在人体工程学中,对家具、物品、建筑等造型都依据人体适用的比例、尺度来确定。而人体的比例尺度,往往又是衡量其他物体比例形式的重要因素。任何形式都有它的比例,但并非任何形式比例都是美的。因此它要通过对比、夸张的比例来突出它的美。这就是说,虽然尺度在造型设计中不是严格的,但从比例来说它又不是死的,要灵活运用。图形与空间分割、造型的比例是一个极重要的美的条件。

三、对比与微差

对比是指要素之间的显著差异;微差则是指要素之间的微小差异。当然,这两者之间的界线也很难确定,不能用简单的公式加以说明。[1]

在环境艺术设计中,对比与微差是十分常用的手法。对比可以借彼此之间的烘托来突出各自的特点以求得变化;微差则可以借相互之间的共同性而求得和谐。二者需巧妙结合,[2]才能达到既有变化又有和谐的良好效果。

例如,图3-19中的美国玛瑞亚泰旅馆中庭的织物软雕塑就是利用质感进行对比的范例。设计师采用织物巧制而成的软雕塑与硬质装饰材料形成强烈的对比,柔化了中庭空间。

---

[1] 就如数轴上的一列数,当它们从小到大排列时,相邻者之间由于变化甚微,表现出一种微差的关系,这列数亦具有连续性。如果从中间抽去几个数字,就会使连续性中断,凡是连续性中断的地方,就会产生引人注目的突变,这种突变就会表现为一种对比关系。

[2] 没有对比,设计作品就会使人感到单调、乏味;但过分强调对比,也可能因失去协调而混乱不堪。

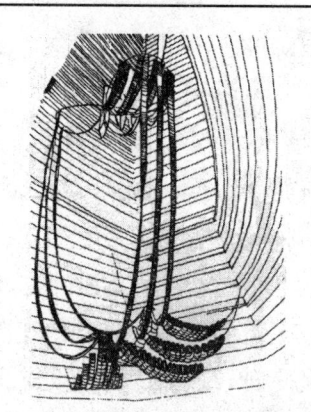

第三章 环境艺术设计的思维因素——形式法则及思维方法

图 3-19 美国玛瑞亚泰旅馆中庭的织物软雕塑

在环境艺术设计中,还有一种情况也能归于对比与微差的范畴,即利用同一几何母题。虽然它们具有不同的质感大小,但由于具有相同母题,所以一般情况下仍能达到有机的统一。例如,图 3-20 中的加拿大多伦多的汤姆逊音乐厅设计就运用了大量的圆形母题,因此虽然在演奏厅上部设置了调节音质的各色吊挂,且它们之间的大小也不相同,但相同的母题,使整个室内空间保持了统一。

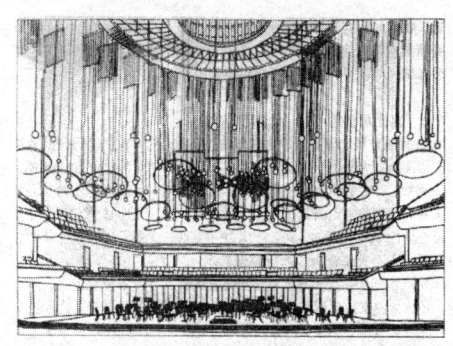

图 3-20 加拿大多伦多的汤姆逊音乐厅

四、对称与均衡

（一）对称

镜像形态呈现对称轴、对称点的平衡形式就是对称。自然界中很少有绝对的对称，绝对的对称常为人造形态。

在对称形式法则的环境艺术设计中，一切部分的形态要素都是在严格意义上的核心力量与均衡基点的作用下反复出现的，因此，当我们进行对称形式的设计时，从设计美的整体形式着眼，努力紧扣定位于核心周围的各个基点（支点），就能规律性地、构合有致地展示出设计的对称魅力。对称不能被理解为简单的等份性的划分，而是要调动一切关于形式美的法则（例如调动对比、韵律、节奏等法则），使对称形式下的形态比量在丰富而又对比的状态中显现出来，进而达到高度完形意义的形态比量关系。

图 3-21 环境艺术设计的对称美

（二）均衡

均衡是对称的变体。黑格尔认为：均衡是由于差异破坏了单纯的同一性而产生的。均衡是形态的各种造型要素和物理量给人的综合感觉，是视觉心理的一种反应（图 3-22）。

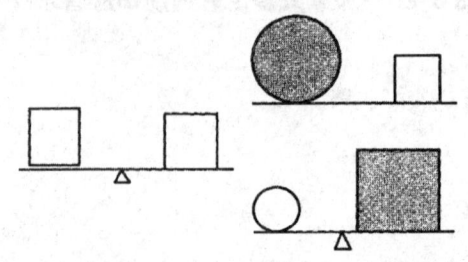

图 3-22 对称均衡与不对称均衡

第三章　环境艺术设计的思维因素——形式法则及思维方法

环境艺术设计中，主要有三种均衡形式：稳定均衡、不稳定均衡和中立均衡。平衡原理要求我们在设计中重视环境的综合要素，给人稳定舒适的感觉。这表现在形色、质感、运动的空间、光感效果的处理。

均衡的应用要善于比较，整体地把握各个环境元素之间的相互关系（图3-23）。

图 3-23　均衡的室内环境艺术设计

从严格意义上讲，对称可以看作是均衡的一种较完美的形式。只是对称是有条理的静止的美，而均衡则是打破静止局面，遵循力学的原理，以同量不同形的组合取得平衡安定的形态，追求一种活泼、自由、轻快的富于变化和动感的美。但均衡也较难掌握得恰当。

在均衡形式原则的探究上，当代设计家们（包括现代艺术家）已经创造出新的设计举措——非均衡的均衡。这一概念成为原有均衡形式的持续，而并非另立的割断。与严格意义上的传统平均衡形式相比较便不难看出，非均衡的均衡状态在本质上仍然没有脱离均衡美的视觉感受，只是在审美心理的层面上拓宽了均衡形式美的内涵，并使作品在审美视域上增添了更广阔的空间，满足了当代审美心理的需求。

非均衡的均衡法则，从概念角度使我们意会到一种更高意义上的均衡形式美感在作品中的贯穿，从而获得恢宏而带有动感意味的平衡式美感。

第三节　环境艺术设计的思维方法

一、环境艺术设计的思维类型

（一）逻辑思维

逻辑思维也称为抽象思维，是认识活动中一种运用概念、判断、推理等思维形式来对客观现实进行的概括性反映。平常所说的思维、思维能力，主要就是指这种思维，它是为人类所专有的最普遍的一种思维类型。逻辑思维的基本形式是概念、判断与推理。逻辑思维发现和纠正谬误，有助于我们正确认识客观事物，更好地学习知识、准确表达设计理念。

艺术设计、环境艺术设计是艺术与科学的统一和结合，因此，必然要依靠抽象思维来进行工作，它也是设计中最为基本和普遍运用的一种思维方式。

（二）形象思维

形象思维，也称"艺术思维"，是艺术创作过程中对大量表象进行高度的分析、综合、抽象、概括，形成典型性形象的过程，是在对设计形象的客观性认识基础上，结合主观的认识和情感进行识别[①]所采用一定的形式、手段和工具创造和描述的设计形象，包括艺术形象和技术形象的一种基本的思维形式。

形象思维具有形象性、想象性、非逻辑性、运动性、粗略性等特征。形象性说明该思维所反映的对象是事物的形象，想象性是思维主体运用已有的形象变化为新形象的过程，非逻辑

---

① 包括审美判断和科学判断等。

第三章　环境艺术设计的思维因素——形式法则及思维方法

性就是思维加工过程中掺杂个人情感成分较多。在许多情况下，设计需要对设计对象的特质或属性进行分析、综合、比较，而提取其一般特性或本质属性，然后再将其注入设计作品中去。

环境艺术设计是以环境的空间形态、色彩等为目的，综合考虑功能和平衡技术等方面因素的创造性计划工作，属于艺术的范畴和领域。所以，环境艺术设计中的形象思维也是至关重要的思维方式。

（三）灵感思维

"灵感"源于设计者知识和经验的积累，是显意识和潜意识通融交互的结晶。灵感的出现需要具备以下几个条件：

（1）对一个问题进行长时间的思考。
（2）能对各种想法、记忆、思路进行重新整合。
（3）保持高度的专注力。
（4）精神处于高度兴奋状态。

环境艺术设计创造中灵感思维常带有创造性，能突破常规，带来新的从未有过的思路和想法，与创造性思维有着相当紧密的联系。

（四）创造性思维

创造性思维是指打破常规、具有开拓性的思维形式。创造性思维是对各种思维形式的综合和运用。创造性思维的目的是对某一个问题或在某一个领域内提出新的方法、建立新的理论，或艺术中呈现新的形式等。这种"新"是对以往的思维和认识的突破，是本质的变革。创造性思维是在各种思维[①]的基础上，将各方面的知识、信息、材料加以整理、分析，并且从不同的思维角度、方位、层次上去思考，提出问题，对各种事物的本质的异同、联系等方面展开丰富的想象，最终产生一个全新的

---

① 如抽象思维、形象思维、灵感思维等。

结果。创造性思维有三个基本要素：发散性、收敛性和创造性。

（五）模糊思维

模糊思维是指运用不确定的模糊概念，实行模糊识别及模糊控制，从而形成有价值的思维结果。模糊理论是从数学领域中发展而来的。世界的一些事物之间，很难有一个确定的分界线，譬如脊椎动物与非脊椎动物、生物与非生物之间就找不到一个确切的界线。[①] 客观事物是普遍联系、相互渗透的，并且是不断变化与运动着的。一个事物与另一事物之间虽有质的差异，但在一定条件下却可以相互转化，事物之间只有相对稳定而无绝对固定的边界。一切事物既有明晰性，又有模糊性；既有确定性，又有不定性。模糊理论对于环境艺术设计具有很实际的指导意义。环境的信息表达常常具有不确定性，这绝对不是设计师表达不清，而是一种艺术的手法（含蓄、使人联想、回味都需要一定的模糊手法，产生"非此非彼"的效果）。同一个艺术对象，对不同的人会产生不同的理解和认识，这就是艺术的特点。如果能充分理解和掌握这种模糊性的本质和规律，必将有助于环境艺术的创造。

二、环境艺术设计思维的应用

环境艺术设计的思维不是单一的方式，而是多种思维方式的整合。环境艺术设计的多学科交叉特征必然要反映在设计的思维关系上。设计的思维除了符合思维的一般规律外，还具有它自身的一些特殊性，在设计的实践中会自然表现出来。以下结合设计来探讨一些环境艺术设计思维的特征和实践应用的问题。

---

① 例如，著名的关于种子的"堆"的希腊悖论便提出了模糊思维的概念：到底多少才能成为堆呢？"界限在哪里？能不能说325647粒种子不叫一堆而325648粒就构成一堆？"这说明从事物差异的一方到另一方，中间经历了一个从量变到质变的逐步过渡过程，处于中介过渡的事物往往显示出亦此亦彼的性质，这种亦此亦彼性的不确定性就是一个模糊概念。

第三章　环境艺术设计的思维因素——形式法则及思维方法

（一）形象性和逻辑性有机整合

环境艺术设计以环境的形态创造为目的，如果没有形象，也就等于没有设计。设计依靠形象思维，但不是完全自由的思维，设计的形象思维有一定的制约性，或不自由性。形象的自由创造必须建立在环境的内在结构的合规律性和功能的合同的性的基础上。因此，科学思维的逻辑性以概念、归纳、推理等对形象思维进行规范。所以，在环境艺术的设计中，形象思维和抽象思维是相辅相成的，是有机的整合，是理性和感性的统一。

（二）形象思维存在于设计，并相对的独立

环境的形态设计，包括造型、色彩、光照等都离不开形象，这些是抽象的逻辑思维方式无法完成的。设计师从对设计进行准备起到最后设计完成的整个过程就是围绕着形象进行思考，即使在运用逻辑思维的方式解决技术与结构等问题的同时，也是结合某种形象而进行的，不是纯粹的抽象方式。譬如在考虑设计室外座椅的结构和材料以及人在使用时的各种关系和技术问题的时候，也不会脱离对座椅的造型及与整体环境的关系等视觉形态的观照。环境艺术设计无论在整体设计上，还是在局部的细节考虑上，是在设计的开始，还是结束，形象思维始终占据着思维的重要位置。这是设计思维的重要特征。

（三）抽象的功能和目标最终转换成可视形象

任何设计都有目标，并带有一些相关的要求和需要解决的问题，环境艺术设计也不例外。每个项目都有确定的目标和功能。设计师在设计的过程中，也会对自己提出一系列问题和要求，这时的问题和要求往往也只是概念性质，而不是具体的形象。[1]

---

[1] 例如，一套家居的设计，设计师最早得到的可能是一套关于面积和位置的平面图纸、一些关于业主的职业和爱好的资料、经济的投资额等信息，也许还有一些关于格调、风格之类的要求，总之都是抽象的概念。

设计师着手了解情况、分析资料、初步设定方向和目标，提出空间整体要简洁大方、高雅、体现现代风格等具体的设计目标，这些都还是处于抽象概念的阶段。只有设计师在充分理解和掌握抽象概念的基础上思考用何种空间造型、何种色彩、如何相互配置时，才紧紧地依靠形象思维的方式，最终以形象来表现对于抽象概念的理解。所以从某种意义上来说，设计过程就是一个将抽象的要求转换成一个视觉形象的过程。无论是抽象认识还是形象思考的能力对于设计都具有极其重要的作用和意义。理解抽象思维和形象思维的关系是非常重要的。

（四）创造性是环境艺术设计的本质

设计的本质在于创造，设计的过程就是提出问题、解决问题而且是创造性地解决问题的过程，所以创造性思维在整个设计过程中总是处于活跃的状态。创造性思维是多种思维方式的综合运用，它的基本特征就是要有独特性、多向性和跨越性。创造性思维所采用的方法和获得的结果必定是独特的、新颖的。逻辑思维的直线性方式往往难以突破障碍，创造性思维的多方向和跨越特点却可以绕过或跳过一些问题的障碍，从各个方向、各个角度向目标集中。

（五）思维过程：整体—局部—整体

环境艺术设计是一门造型艺术，具有造型艺术的共同特点和规律。环境艺术设计首先是有一个整体的思考或规划，在此基础上再对各个部分或细节加以思考和处理，最后还要回到整体的统一上。

最初的整体实质上是处在模糊思维下的朦胧状态，因为这时候的形象只是一个大体的印象，缺少细节，或者说是局部与细节的不确定。在一个最初的环境设想中，空间是一个大概的形象，树木、绿地、设施等的造型等都不可能是非常具体的形象，多半是带有知觉意味的"意象"，这个阶段的思考更着重于整

第三章 环境艺术设计的思维因素——形式法则及思维方法

体的结构组织和布局,以及整体形象给人的视觉反映等方面。在此阶段中,模糊思维和创造性思维是比较活跃的。随着局部的深入和细节的刻画,下一阶段应该是非常严谨的抽象思维和形象思维在共同作用,这个阶段要解决的会有许多极为具体的技术、结构以及与此相关的造型形象问题。①

设计最终还要再回到整体上来,但是这时的整体形象与最初的朦胧形象有了本质的区别。这一阶段的思维是要求在理性认识的基础上的感性处理,感性对于艺术是至关重要的,而且经过理性深化了的感性形象具有更为深层的内涵和意蕴。②

---

① 从某种意义上也可以认为,设计的最初阶段是想象的和创造性的思维,而下一阶段则是科学的逻辑思维和受制约的形象思维的结合。
② 有必要重申的是,设计工作的整个过程,尽管有整体和局部思考的不同阶段,但是都必须在整体形象的基础和前提下进行,任何时候都不能离开整体,这也是造型艺术创造的基本规律。

第四章　环境艺术设计的空间影响因素

　　无论是建筑外部环境还是建筑内部环境，其场所内各种功能总是依托特定的空间而展开实现的。在进行环境艺术设计研究时，有必要对环境艺术的空间尺度、空间形态和空间组织进行论述。

第一节　环境艺术设计的空间尺度

一、何为空间尺度

　　从古希腊、古罗马，到现代主义的大师们，人们在讨论空间环境的大小问题时，针对空间的尺度问题，提出了很多理论，从西方的黄金分割到东方"斗口""间"，看似讨论的对象相同，而理论却千差万别。这主要是因为对空间尺度的基本概念界定并不完全统一。空间尺度的含义，可从以下两个方面来论述。

　　（一）内涵角度的空间尺度

　　从内涵来说，在空间尺度系统中的尺度概念包含：
　　（1）空间中的客观自然尺度，可以称为客观尺度、技术尺度、功能尺度。[1]
　　（2）主观精神尺度，可以称为主观尺度、心理尺度、审美

---

[1]　其中主要有人的生理及行为因素、技术与结构的因素。这类尺度问题以满足功能和技术需要为基本准则。是尺寸的问题，绝对的问题，没有比较关系，决定的尺度因素是不以人的意志为转移的客观规律。

第四章 环境艺术设计的空间影响因素

尺度[①]（图 4-1、图 4-2）。

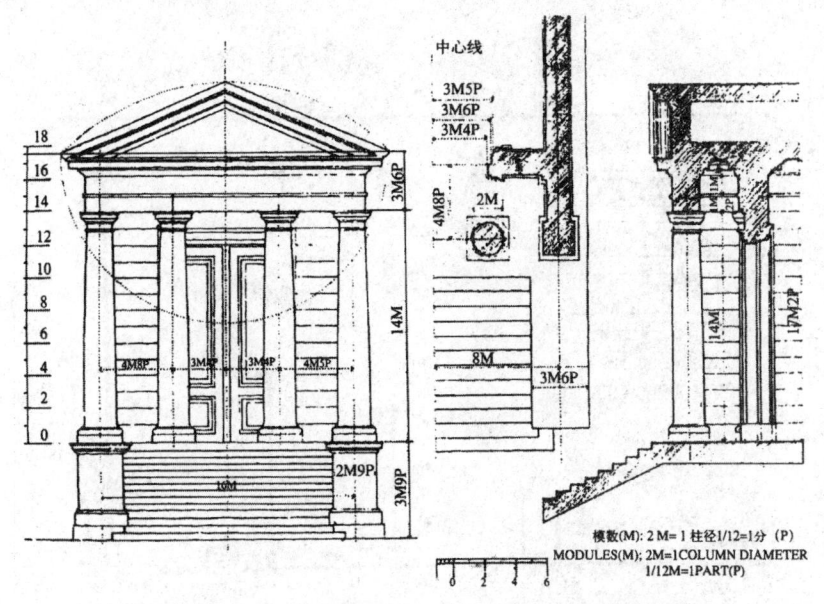

图 4-1 由人的视觉、心理和审美决定的尺度[②]

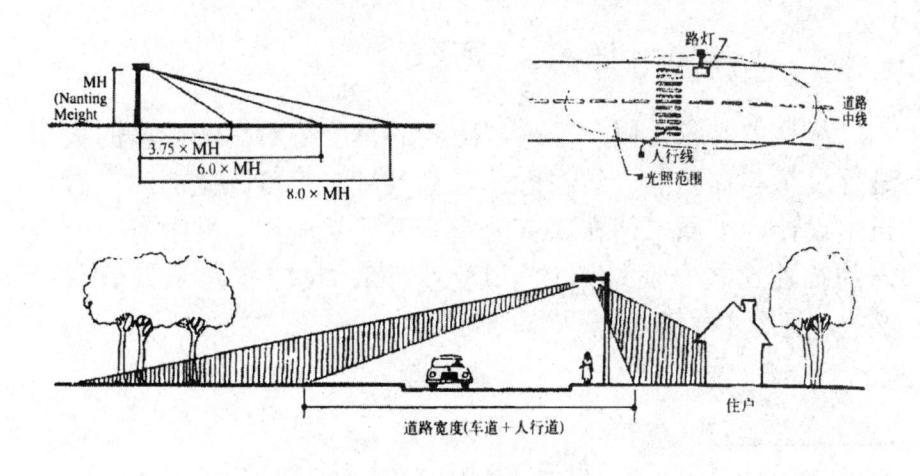

[①] 它是指空间本身的界面与构造的尺度比例。主要满足于空间构图比例，在空间审美上有十分重要的意义。这类尺度主要是满足人类心理审美。是由人的视觉、心理和审美决定的尺度因素，是相对的尺度问题，有比较与比例关系。

[②] 本节手绘图选自：郑曙旸. 环境艺术设计[M]. 北京：中国建筑工业出版社，2007

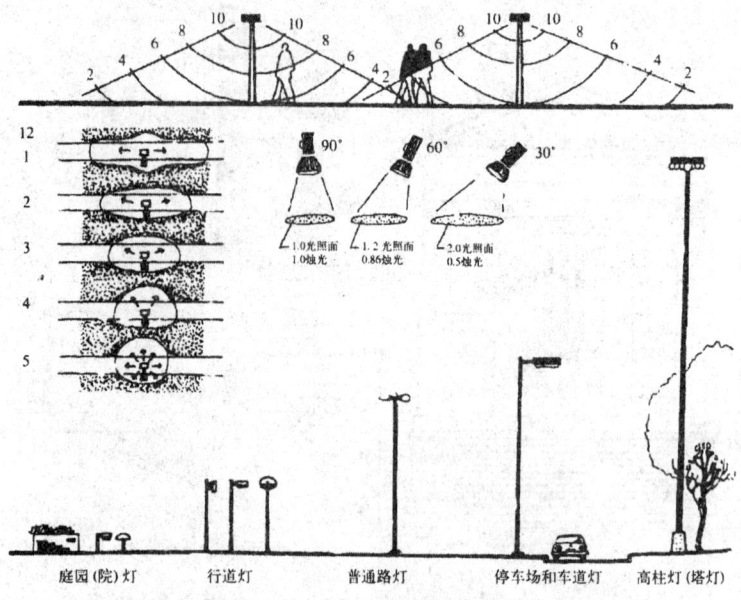

图 4-2 由生理及行为、技术等因素决定的尺度

（二）具体应用概念的空间尺度

从具体的应用概念来说，空间的尺度是对空间环境的大小进行度量与描述的一组概念，包括尺寸、尺度、比例和模数。日本设计师小原二郎在《室内空间设计手册》一书中对尺度概念的描述比较全面地阐述了尺度内涵。尺度有四个方面的意义[①]，见图4-3所示。

---

① （1）以技术和功能为主导的尺寸，即把空间和家具结构的合理与便于使用的大小作为标准的尺寸。（2）尺寸的比例，它是由所看到的目的物的美观程度与合理性引导出来的。它作为地区、时代固有的文化遗产，与样式深深地联系在一起，如古代的黄金分割比例。（3）生产、流通所需的尺寸——模数制，建筑生产的工业化和批量化构件的制造，在广泛的经济圈内把流通的各种产品组合成建筑产品，需要统一的标准，这就是规格的尺寸。（4）设计师作为工具使用的尺寸的意义——尺度。每个设计师具有不同的经验和各自不同的尺度感觉及尺寸设计的技法。毋庸置疑，其中大多数人遵循的是习惯、共同的尺度，但由于设计本身是自由的，个人的经验与技法不尽相同，因此，每个设计师对尺度有不同的理解。

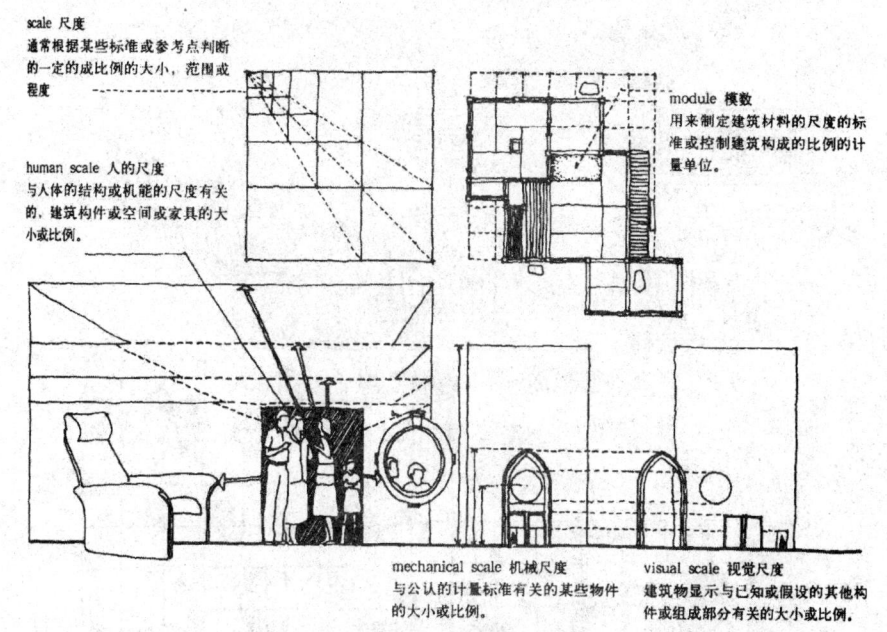

第四章 环境艺术设计的空间影响因素

图 4-3 不同的尺度内涵

二、尺寸与尺度

（一）尺寸

尺寸是空间的真实的大小的度量，尺寸是按照一定的物理规则严格界定的，用以客观描述周围世界在几何概念上量的关系的概念，有基本单位，是绝对的一种量的概念，不具有评价特征。在空间尺度中，大量的空间要素由于自然规律、使用功能等因素，在尺寸上有严格的限定，如人体尺寸、家具尺寸、人所使用的设备机具的尺寸等，还有很多涉及空间环境的物理量的尺寸，如声学、光学、热等问题，都会根据所要达到的功能目的，对人造的空间环境提出特定的尺寸要求。这些尺寸是相对固定的，不会随着人的心理感受而变化。最常见的尺寸数据是人体尺寸、家具与建筑构件的尺寸（图 4-4）。

常见的各种尺寸

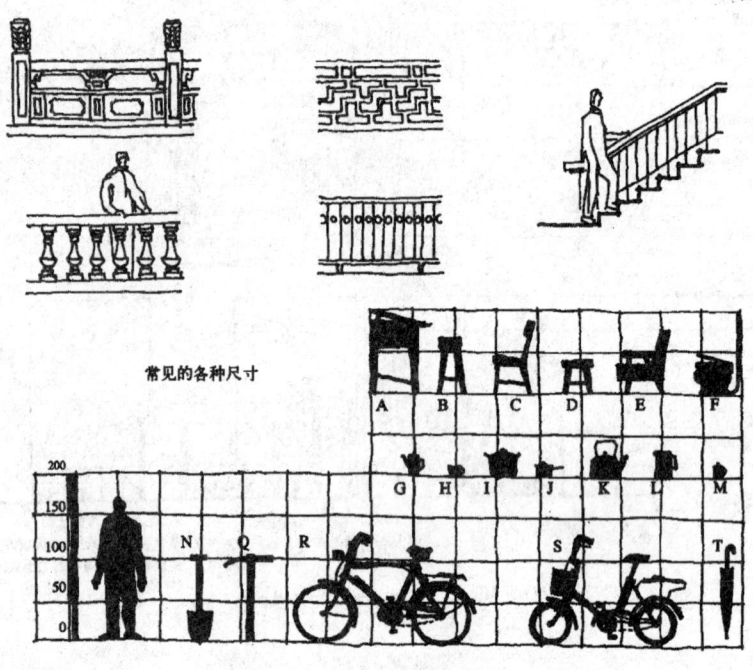

图4-4　常见的各种尺寸

尺寸是尺度的基础，尺度在某种意义上说实际上是长期应用的习惯尺寸的心理积淀。尺寸反映了客观规律，尺度是对习惯尺寸的认可。

（二）尺度

尺度通常指根据某些标准或参考点判断的一定的成比例的大小、范围或程度。

在诸多的设计要素中尺度是衡量环境空间形体最重要的方面，尺度是同比例相联系的，指我们如何在与其他形式相比中去看一个环境要素或空间的大小。尺度涉及具体的尺寸，不过尺度一般不是指真实的尺寸和大小，而是给人感觉上的大小印象与真实尺寸大小的关系。如果不一致就失掉了应有的尺度感，会产生对本来应有大小的错误判断。经验丰富的设计师也难免

第四章 环境艺术设计的空间影响因素

在尺度处理上出现失误。①

尺度的界定没有一定的严格规则，其衡量标准或单位会随着对象的不同而改变，它主要用以一定的参照系去衡量周围世界在几何关系中量的概念，没有特定的单位，是相对的，具有按照一定的参照系的评价特征。尺度是怎样产生的呢？整体结构的纯几何形状是产生不了尺度的，几何形状本身没有尺度。一个四棱锥可以是小到镇纸，大到金字塔之间的任何物体；一个球形，可以是显微镜下的单细胞动物，可以是网球，也可以是1939年纽约世界博览会的圆球。它们说明不了本身的尺寸问题。要体现尺度的第一原则是，把某个单位引入到设计中去，使之产生尺度（图4-5）。

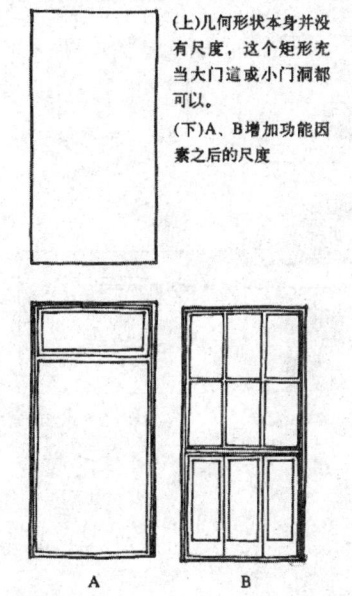

(上)几何形状本身并没有尺度，这个矩形充当大门还或小门洞都可以。

(下)A、B增加功能因素之后的尺度

图4-5 将某个单位引入设计中，使之产生尺度

这些已知大小的单位称为尺度给予要素，分为两大类：一

---

① 问题是人们很难准确地判断空间体量的真实大小。事实上，我们对于空间的各个实际的度量的感知，不可能是准确无误的。透视和距离引起的失真，文化渊源等都会影响我们的感知，因此要用完全客观精确的方式来控制和预知我们的感觉，绝非易事。空间形式度量的细微差别，特别难以辨明。空间显出的特征——很长、很短、粗壮或者矮短，这完全取决于我们的视点。这种特征主要来源于我们对他们的感知，而不是精确的科学。

是人体本身；二是某些空间构件要素——空间环境中的一些构件如栏杆、扶手、台阶、坐凳等，它们的尺寸和特征是人们凭经验获得并十分熟悉的。由于功能要求，尺寸比较确定，因而能帮助我们判断周围要素的大小，有助于正确的显示出空间整体的尺度感。往往会运用它们作为已知大小的要素，当作度量的标准（图4-6）。①

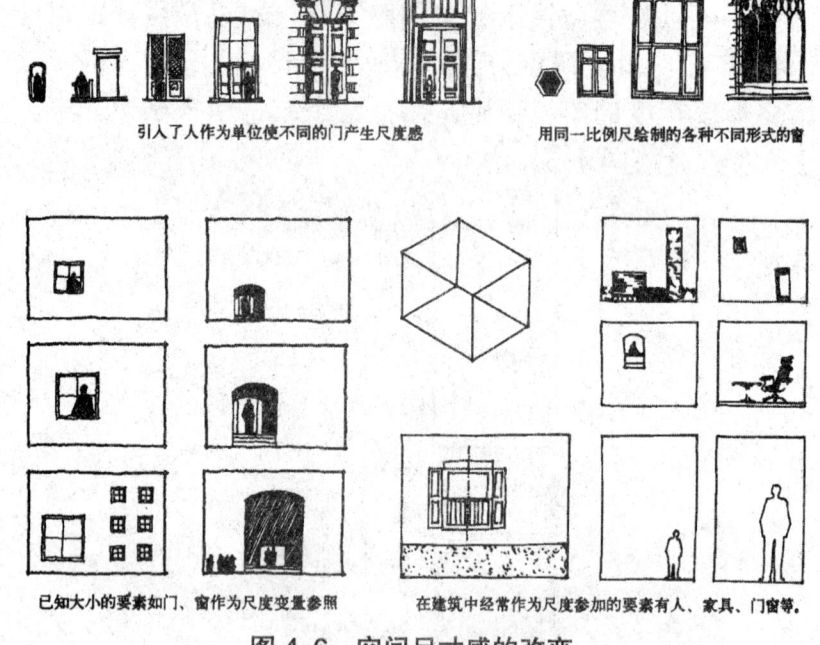

引入了人作为单位使不同的门产生尺度感　　　　用同一比例尺绘制的各种不同形式的窗

已知大小的要素如门、窗作为尺度变量参照　　　在建筑中经常作为尺度参加的要素有人、家具、门窗等。

图4-6 空间尺寸感的改变

三、比例

（一）比例及其含义解析

比例主要表现为一部分对另一部分或对整体在量度上的比

---

① 像住宅的窗户、大门能使人们想象出房子的大小，有多少层；楼梯和栏杆可以帮助人们去度量一个空间的尺度。正因为这些要素为人们所熟悉，因此它们可以被有意识地用来改变一个空间的尺寸感。

较、长短、高低、宽窄、适当或协调的关系,一般不涉及具体的尺寸。由于建筑材料的性质,结构功能以及建造过程的原因,空间形式的比例不得不受到一定的约束。即使是这样,设计师仍然期望通过控制空间的形式和比例,把环境空间建造成人们预期的结果。

在为空间的尺寸提供美学理论基础方面,比例系统的地位领先功能和技术因素。通过各个局部归属与一个比例谱系的方法,比例系统可以使空间构图中的众多要素具有视觉统一性。它能使空间序列具有秩序感,加强连续性,还能在室内室外要素中建立起某种联系。

在建筑和它的各个局部,当发现所有主要尺寸中间都有相同的比时,好的比例就产生了。这是指要素之间的比例。但在建筑中比例的含义问题还不仅仅局限于这些,这里还有纯粹要素自身的比例问题,例如门窗、房间的长宽之比。有关绝对美的比例的研究主要就集中在这些方面。

（二）和谐的比例

和谐的比例可以引起人们的美感。公元前 6 世纪古希腊的毕达哥拉斯学派认为万物最基本的元素是数,数的原则统治着宇宙中一切现象。该学派运用这种观点研究美学问题,探求数量比例与美的关系并提出了著名的"黄金分割"理论,提出在组合要素之间及整体与局部间无不保持着某种比例的制约关系,任何要素超出了和谐的限度,就会导致整体比例的失调。历史上对于什么样的比例关系能产生和谐并产生美感有许多不同的理论。比例系统多种多样,但它们的基本原则和价值是一致的(图 4-7)。

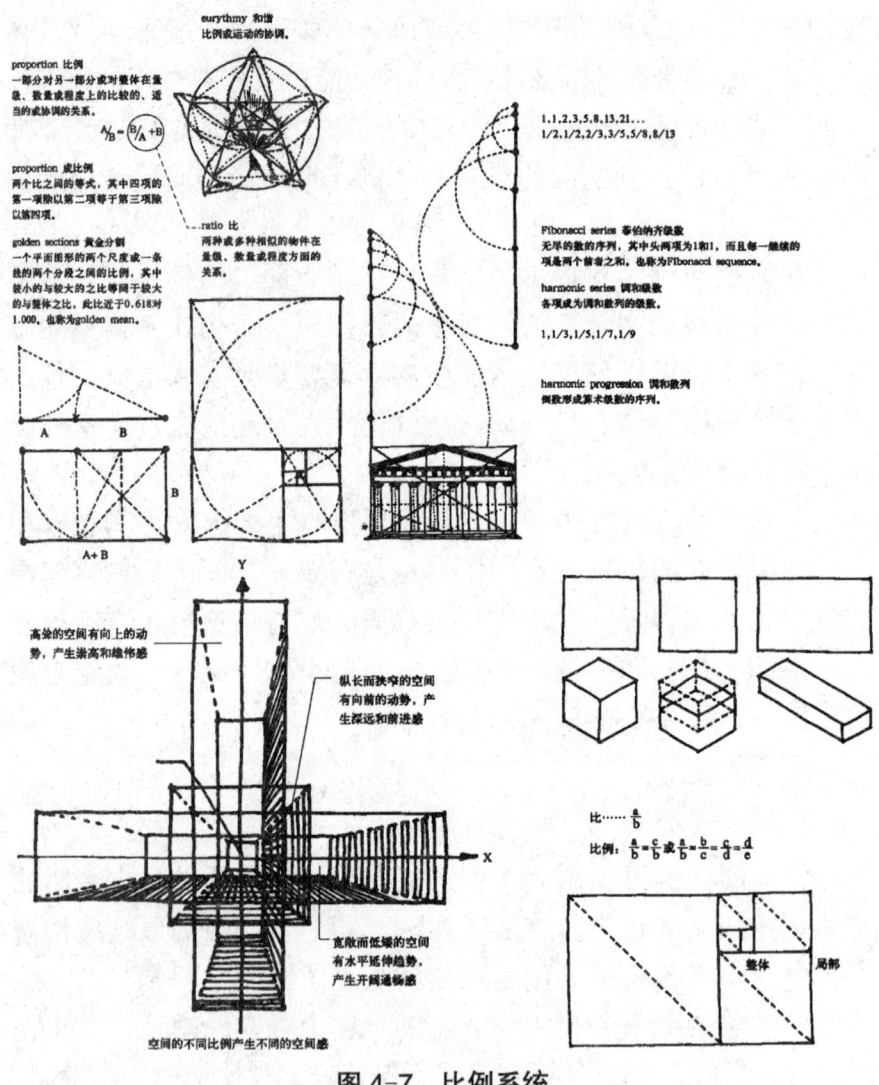

图 4-7 比例系统

四、空间尺度的影响因素

在空间尺度中其影响因素有很多，从总的方面来说，可以界定为以下几个方面。

第四章 环境艺术设计的空间影响因素

（一）人

1. 人体本身

人体尺度比例是根据人的尺寸和比例而建立的，[①]是具有功能意义的科学尺度比例。环境艺术的空间环境不是人体的维护物就是人体的延伸，因此它们的大小与人体尺寸密切相关。人体尺寸影响着我们使用和接触的物体的尺度，影响着我们坐卧、饮食和工作的家具的尺寸，而这些要素又会间接地影响建筑室内、室外环境的空间尺度。此外我们的行走、活动和休息所需空间的大小也产生了对周围生活环境的尺度要求。

（1）人体尺度与动作空间

人的体位与尺度是研究行为心理作用于设计的主要内容。人在日常的活动通常保持着四种基本的体位，即站位、坐位、跪位和卧位。不同的体位形成不同的动作姿态，不同的动作姿态往往与特定的生活行为有关联，这就构成了行为与姿态、姿态与空间形态及尺度之间的影响链条，并最终建立了行为与空间尺度之间的对应关系（图4-8、图4-9）。

由于人在日常生活中存在不同的运动状态而有静态配合、动态配合的不同。在静态配合中人的体位相对静止，人体体位的各向尺度及人的肢体结构尺度决定了空间的范围尺度。对于很多的相对静态的行为方式的空间考虑是有用的。在动态配合中，由于人是在运动中，力的平衡、功能性质与顺序、身体的运动轨迹等都会对周围的空间范围尺度产生变化的要求。因此，动态的配合要考虑除了人体尺度以外的很多因素（尤其是运动的因素）。今天的设计师往往会错误地用静态的人体尺度去解决所有的空间问题，这是一个严重的误区。

具体的运用人体尺度是一项困难而复杂的工作。一般的人体尺寸数据是一个平均值，仅仅是一个参考数，人体尺寸会因

[①] 文艺复兴时期的艺术家和建筑师把人体比例看作是宇宙和谐与美的体现。但随着现代人体科学的发展，人体尺度比例的研究并不完全是仅具美学的抽象象征意义。

环境艺术设计的影响因素与表达手段

为运用的时间、地点与使用方式不同而产生很多的不定因素，而且人体尺寸本身因为年龄、性别、种族等的差别有很大的变化，因此需要谨慎认真地加以对待，不能当作一种绝对的度量标准。

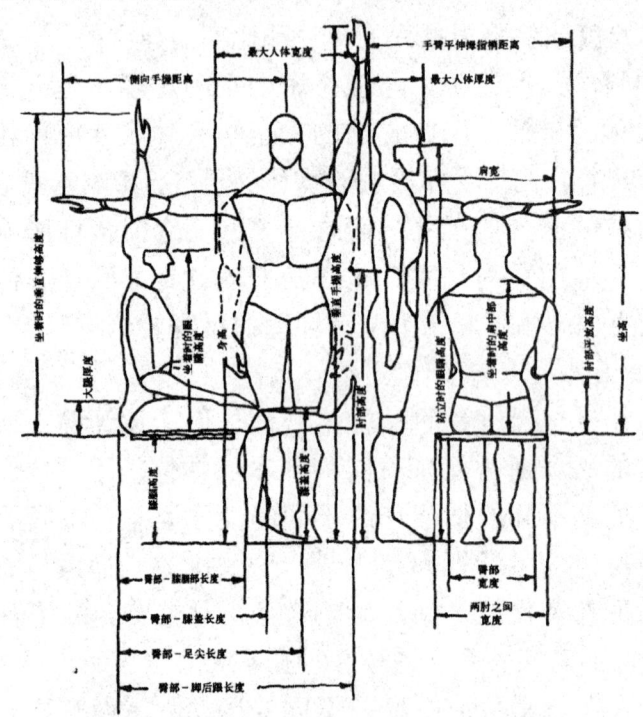

图 4-8 室内设计者常用的人体测量尺寸

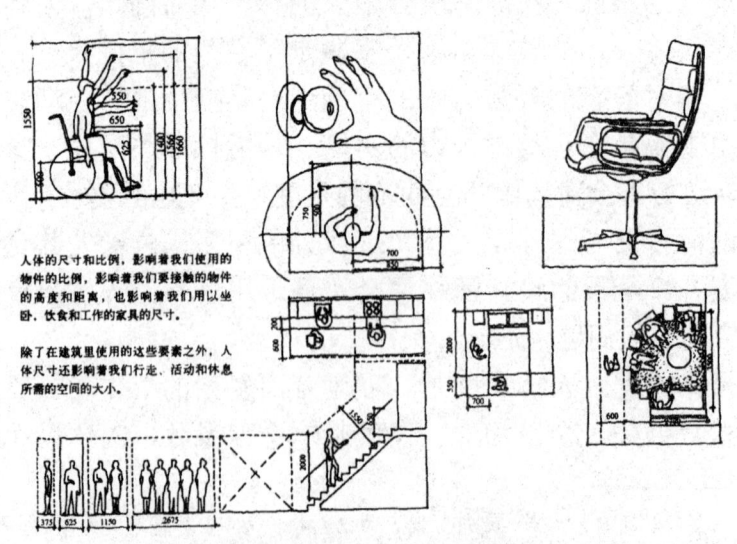

图 4-9 人体比例和尺寸都空间尺度的影响

第四章　环境艺术设计的空间影响因素

（2）人体尺度

除了具有功能意义的实际度量标准外，人体尺寸还可以作为一种视觉的参照尺度，我们可以根据环境空间与人体的相互关系来判断其大小。我们可以用手臂量出一个房间的宽度，也可以伸手向上的触及它的高度。在我们鞭长莫及时，就可以依赖一些别的直观的线索，而不是凭触觉来得到空间的尺度概念了。我们可以用那些从尺寸上与人体密切相关的要素线索，如桌子、邮筒、椅子、电话亭等，或栏杆、门窗、踏步等空间构件，帮助我们判断一个环境空间的尺度，同时也使空间具有人体尺度和亲切感。在酒店中巨大的共享空间，布置紧凑的休息区在保持空间开阔的同时，划出了适合人体的亲切尺度；回廊和楼梯会暗示房间的垂直尺度，使人与街道环境有了和谐的尺度关系。

2. 知觉与感觉

知觉与感觉是人类与周围环境进行交流并获得有用信息的重要途径，它会透过感觉器官的特点对空间环境提出限定。

（1）视觉的尺度

眼睛能够看清对象的距离，称为视觉尺度。人眼的视力因人而异，特别是老年人与年轻人差距尤大，一般我们假定以成人的视力所能达到的距离为准。观察外界的事务，判断尺度，首要的一点是视点的位置。人所处的位置差别具有决定性影响，如从高处向下看，或者从低处向上看，其判断结果差别极大。在水平距离上人们对各种感知对象的观察距离，有豪尔和斯普雷根研究绘制的示意图（图4-10）。该图以人头正前方延伸的水平线为视轴，视轴上的刻度表示了不同的尺度。

视觉尺度从视觉功能上决定了空间环境中与视觉有关的尺度关系，比如被观察物的大小、距离等，进而限定了空间的尺度。如观演空间中观看对象的属性与观看距离的对应关系，还有展示与标志物的尺度与观看距离的关系（图4-11）。

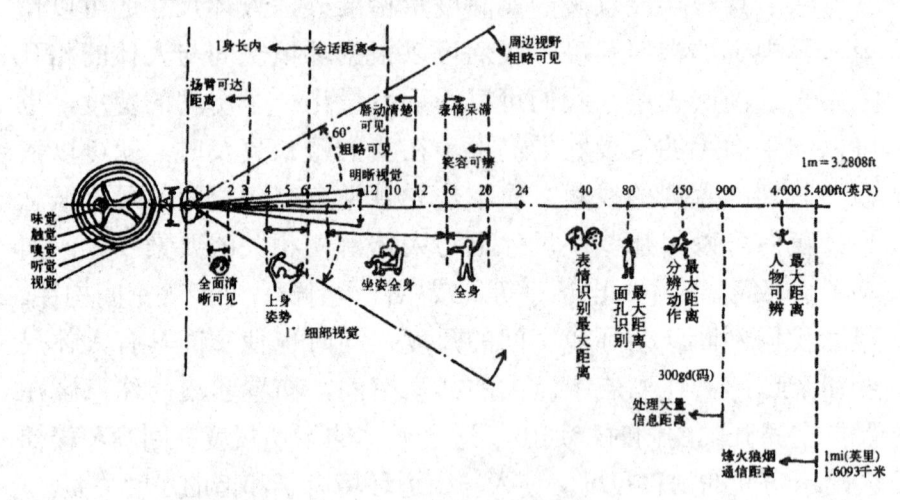

环境艺术设计的影响因素与表达手段

图 4-10　视觉尺度汇集

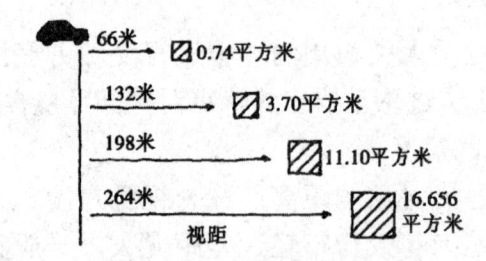

图 4-11　视距与辨别尺度

　　视觉尺度观察中的一个重要问题是视错觉，视错觉是心理学研究中发现的人类视觉的一种有趣现象。错觉并不是看错了，而是指所有人的眼睛都会产生的视觉扭曲现象。视错觉的类型有很多，其中也包括对空间图形尺度的错觉。由于图形干扰与对比的原因，人们对很多的尺度判断是错误的，例如关于直线的长度的错觉（图4-12）。

　　在建筑上增加水平方向的分割构图，可以获得垂直方向增高的效果。相同道理，没有明确分割的界面也很难获得明确的尺度感（图4-13）。

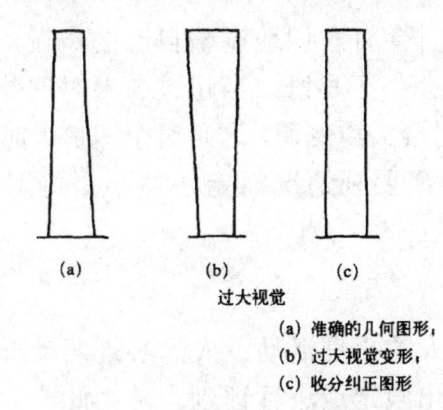

第四章 环境艺术设计的空间影响因素

过大视觉

(a) 准确的几何图形；
(b) 过大视觉变形；
(c) 收分纠正图形。

图 4-12 直线的长度的错觉

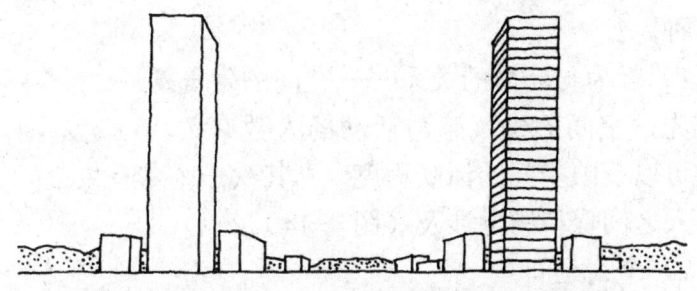

图 4-13 在建筑商增加水平方向的分割构图

视错觉的问题对尺度的意义在于，除了那些与技术、功能直接相关的尺度问题需要尊重客观规律，其他的有关空间尺度的评判，并不是以它真实的客观为依据，而是以人看起来的印象为评判标准。

（2）听觉尺度

声音的传播距离，即听觉尺度，同声源的声音大小、高低、强弱、清晰度以及空间的广度、声音通道的材质等因素有关。与空间距离相对应的听觉尺度对于人际之间的信息交流非常重要。豪尔通过长期研究指出了在正常会话时的距离，超过某种程度则会影响人的正常交流。具体如下：

会话方便的距离＜3米；

耳听最有效的距离＜6米；

单方向声音交流可能，双方向会话困难＜30米；

人的听觉急剧失效距离＜30米。

人们在会话时会有意识地调整自己的声调，与关系密切的人近距离对话时会小声耳语，当超过3米对群体讲话时会提高声调，超过6米时会大声变调，这是对空间扩大时的补偿。因此，人在会话时的距离要视情况而定，并不是绝对的物理量推导关系。①

3. 行为心理

心理因素指人的心理活动。人的心理活动会对周围的空间环境在尺度上提出限定或进行评判，并由此产生由心理因素决定的心理空间问题。空间对人的心理影响很大，其表现形式也有很多种。②

（1）行为与环境的关系——空间的生气感

首先，空间的生气感与活动的人数有关，一定范围内的活动人数可以反映空间的活跃程度。③其次一个富有生气的空间要求人与人之间保持感觉涉及（图4-14）。

（2）个人空间

每个人都有自己的个人空间，它被描述为是围绕个人而存在的有限空间，有限是指适当的距离。④

首先，它可以随着人移动，其内涵表达出个人空间。它是相对稳定的，同时又会根据环境具有灵活的伸缩性；其次，它

---

① 根据经验，人在会话时的空间距离关系为：1人面对1人，1～3平方米，谈话伙伴之间距离自如，关系密切声音也轻；1人面对15～20人，20平方米以内，这时保持个人会话声调的上限；1人面对50人，50平方米以内，单方面的交流，通过表情可以理解听者的反应；1人面对250～300人，300平方米以内，单方面交流，看清听者面孔的上限；1人面对300人以上，300平方米以上，完全成为讲演，听众一体化，难以区别个人状态。
② 英国的心理学家D.肯特说过："人们不以随意的方式使用空间。"意思是说人们在空间中采取什么样的行为并不是随意的，而是有特定的方式。这些方式有些是受生理和心理的影响，有些则是人类从生物进化的背景中带来的。如领域性，这已经为心理学界的研究所证明。
③ 实验表明，当人与人之间的距离与身高的比大于4时，人与人之间几乎没有什么影响，这一比值小于2时气氛就转向活跃。
④ 这是直接在每个人的周围的空间，通常是具有看不见的边界，在边界以内不允许"闯入者"进来。

第四章 环境艺术设计的空间影响因素

是人际的,而非个人的,只有人们与其他人交往时个人空间才存在。它强调了距离,有时还会有角度和视线。

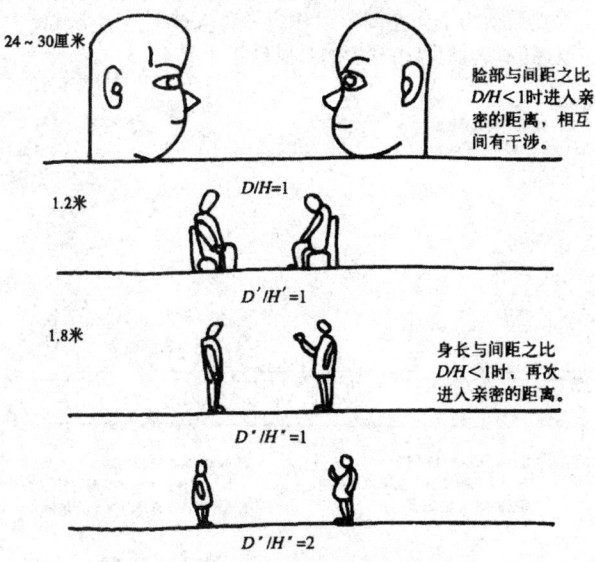

图 4-14 保持感觉的适合距离

个人空间所具有的作用表现为四个方面,见表 4-1 所示。

表 4-1 个人空间的作用表现

作用表现	作用具体阐释
舒服	人们在交谈时离得太近或离得太远会觉得不舒服。人在近距离交流时具有一定的空间限制。
保护	可将个人空间看成是一种保护措施,这里引进了威胁概念,当对一个人的身体或自尊心的威胁增长时,个人空间也扩大了。[①]
交流	在个人空间中的交流,除了语言之外,还在于别人的面孔、身体、气味、声调和其他方面的感觉和感性认识。假如你所面对的人是一位不想交流的人,但距离很近时,你所不想要的各种信息会通过各种感知渠道向你压来。反之,你期望交流的人如果离得太远,所传递的信息就不足以满足你的所需。从这个方面来说,个人空间是一个交流的渠道或过滤器,通过空间的调整加强或减弱信息量的多少。个人空间的这种特点实际上与视觉的尺度、听觉的尺度、嗅觉的尺度和触觉的尺度等生理方面的特征有直接的关系。

---

① 据吉福德(美)研究发现,孩子们在教师办公室这种轻度威胁的环境里,如果他们互相熟悉,就会彼此靠拢,如果他们互相陌生,就会彼此离开。互相关系密切的人在创造一个防御外来威胁的共同保护区时,不是扩大他们的身体缓冲区,而是彼此更加靠拢。

环境艺术设计的影响因素与表达手段

续表

作用表现	作用具体阐释
紧张	埃文斯认为个人空间可以作为一种直至攻击的措施而发挥作用。过度拥挤时引起攻击行为的激发因素（图4-15）。

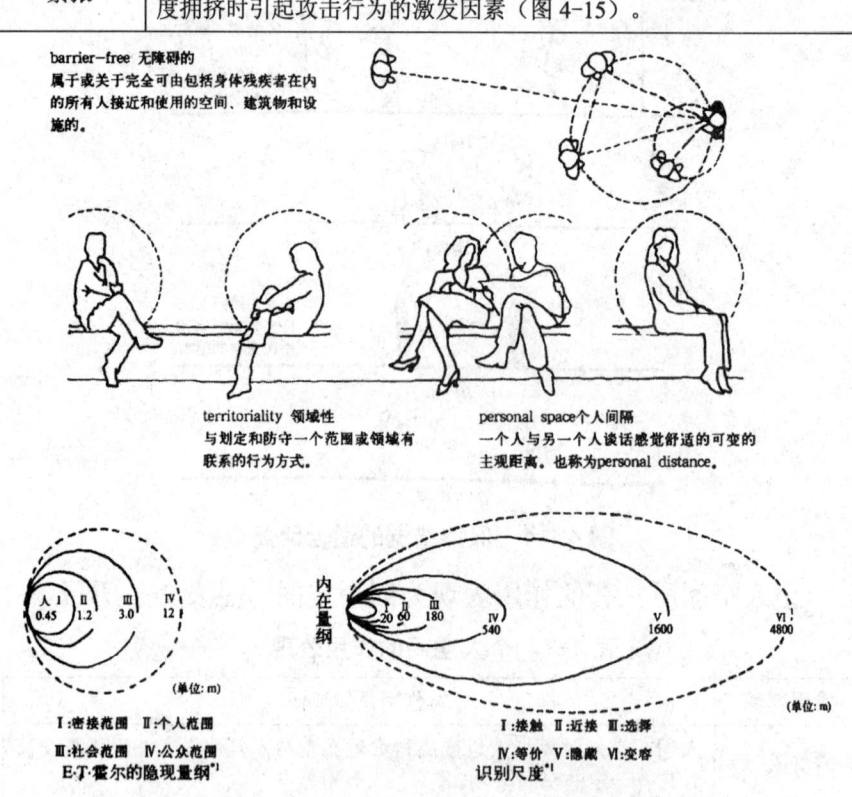

barrier-free 无障碍的
属于或关于完全可由包括身体残疾者在内的所有人接近和使用的空间、建筑物和设施的。

territoriality 领域性
与划定和防守一个范围或领域有联系的行为方式。

personal space 个人间隔
一个人与另一个人谈话感觉舒适的可变的主观距离，也称为personal distance。

E·T·霍尔的隐现量纲[1]
I：密接范围　II：个人范围
III：社会范围　IV：公众范围

识别尺度[1]
I：接触　II：近接　III：选择
IV：等价　V：隐蔽　VI：变容

图4-15　个人空间作为直至空间的距离发挥作用

（3）人际距离

人际距离是心理学中的概念。在霍尔看来，人际距离指的是社交场合中人与人身体之间保持的空间距离。不同的民族、文化、职业、阶层、人际关系以及不同的场合、时间会影响人际距离。豪尔的研究提出人际距离的尺度按照人们的亲疏程度分为四类：密切距离、个体距离、社交距离、公众距离，见表4-2。

第四章　环境艺术设计的空间影响因素

表 4-2　人际距离

距离名称	范围及表现
密切距离	这个距离的范围在 150～600 毫米之间，只有感情相近的人才能彼此进入。爱人、双亲、孩子、近亲和密友之间的身体接触可以进入这个范围。
个体距离	范围在 600～1200 毫米之间，是个体与他人在一般日常活动中保持的距离，如家中、办公室、聚会等场合。
社交距离	范围在 1200～3600 毫米之间，是在较为正式的场合及活动中人与人之间保持的距离。如办公室中的交谈，正式的会谈、与陌生人的接触等都在此范围内。
公众距离	范围在 3600 毫米以外，是人们在公众场所如街道、会场、商业场所等与他人保持的距离（图 4-16）。

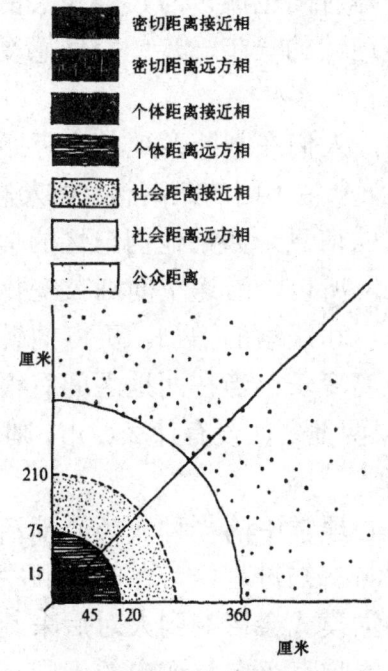

图 4-16　行为心理距离

（4）心理评判——对尺度的心理判断

对于距离的判断实际上是与去哪里、交通的方式（步行还是乘车）、去的频率等问题都有关系。对于比较小的距离如 100 米以内的判断比较接近实际值，这是因为 100 米内的距离可以根据各种生活中的参照系估计出来，如判断 500 米以上的距离，其判断就很不准确了。人们对什么样的距离感到近，什么样的距离感到远，也是判断距离尺度的重要参照系。一些实验的数据可以帮助我们了解一些人们的心理倾向，调查人们从自己家里到车站的距离感时发现，500 米以内的距离被判断为近，超过 500 米远近不太明确，超过 1000 米则判断为远。大约在 500～600 米可以说是远近的分界线。这里主要是以步行者的感觉来判断的。步行者的速度是判断的依据。使用不同的交通工具也会有不同的结果。在现代城市中随着交通工具的发展，步行逐渐减少，其结果现在多半是采用时间来判断距离，不用尺寸来衡量远近，而用时间来判断。因此在大尺度的空间例如城市的尺度上，速度与时间也成了与尺度相关的重要参考量。空间对于人来说不是连续的一步一步的空间感受，而是两点之间时间的概念。

还有研究表明，人们在判断两地的实际距离时会根据一条路的信息量的多少而产生不同的距离感。当人们经过一条路时，会注意和存储有关的信息，如果他们记忆的信息越多，所判断的路的距离就越长。所以，沿途空间细节变化的多少会影响空间的尺度感。如提示和线索的增加，更多的转弯和十字路口都会使路途的估计距离变长；当在两地之间有很多的城市时，估计距离会增加，如果两地之间没有什么城市，则估计距离会降低。

（5）迁移现象

迁移现象也是心理学中的一种人类心理活动现象。人类在对外界环境的感觉与认知过程中，在时间顺序上先期接受的外界刺激和建立的感觉模式会影响到人对后来刺激的判断和感觉模式。迁移现象的影响有正向与逆向的不同，正向的会扩大后期的刺激效果，逆向的会减弱后期刺激的效果。因此，当人们接受外界环境信息的刺激内容相同而排列顺序不同时，对信息的判断结果会有显著的差异。这一点在空间序列安排对空间尺度的印象影响中非常明显。在空间序列的安排上有意利用迁移的影响，使人产生比空间的实际尺度更强烈的心理尺度感，是

第四章 环境艺术设计的空间影响因素

空间艺术的典型手法之一。历史上无论是东方还是西方的设计师都有很多经典的例子，如埃及的神庙、中国的江南园林等。

（6）交通方式与移动的因素

前述有关道路的信息量与人对街道尺度的判断之间的影响关系，在另一个方面的体现，是人在空间中的移动速度影响到人对沿途的空间要素尺度的判断。一定尺度大小的空间要素，人们对它的尺度判断随着人移动速度的变化而变化，速度慢时感觉尺度大，速度快时感觉尺度小。其原因可能是由于人的感觉器官接受外界信息的速度能力是一定的，当移动速度加快时，信息变化的速度也加快，当变化速度超过人的接受能力时，信息被忽略（很像闪光融合的概念），只有更大尺度的变化才被感知。由于这种心理现象的存在，因此，在涉及视觉景观设计的时候，人们观察时移动速度的不同会对空间的尺度有不同的要求。例如，以步行为主的街道景观和以交通工具为移动看点的空间景观，在尺度的大小上应该是不同的，即步行的尺度和车行的尺度不同（表4-3、图4-17）。

图4-3 运动中的视效时差（假定水平视角为60°）

运动种类	视距（米） 速度（米/秒）	20	40	100	1200	1600
 🚶	1.1	20.77	41.54	103.93	1247.06	1662.77
 🚌	5.6	4.15	8.30	20.79	249.42	332.55
 🚗	11.1	2.08	4.15	10.39	124.70	166.28
 🚆	16.7	1.38	2.77	6.93	83.14	110.85

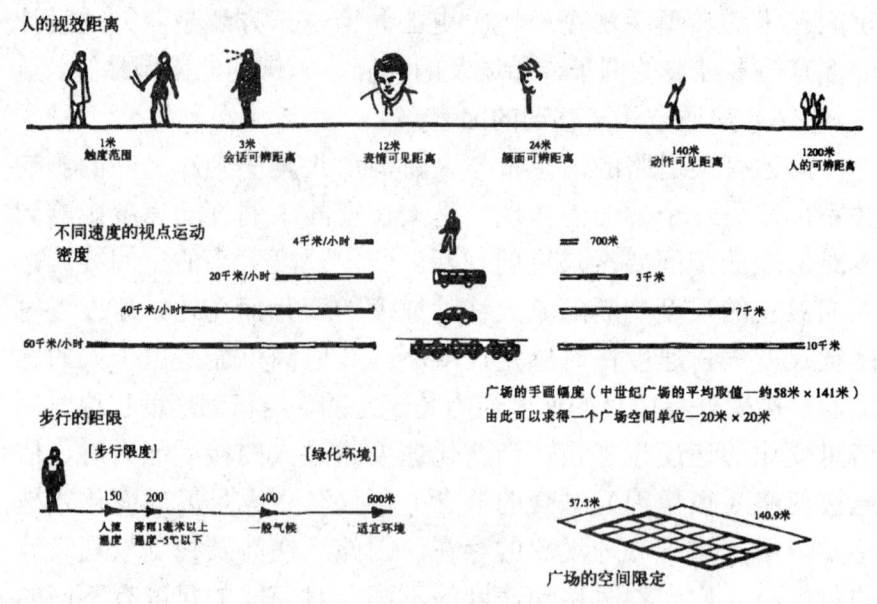

图 4-17　步行尺度与车行尺度的不同

（二）技术

1. 材料的尺度

因为重力的作用，材料内的应力会随着物体的体量增加而增大，因此，所有的材料都有一个合理的尺寸比例范围。例如一块长 2.5 米，厚 0.1 米的石条可以用作石梁，但是如果将它放大四倍则很可能由于自身的重量而崩溃。即使是钢材这样高强度的材料也有一定的尺度限制，太大的尺度也会超过它的极限。

同样，每一种材料也有一个合理的比例，它是由材料固有的强度和特点决定的。例如砌块的石块、砖等的抗压强度大，而且依靠整体获得强度，因此其形式是具有体量的。钢材的抗拉和抗压都很强，因而可以做成较为轻巧且截面相对较小的框架。木材是一种易变形的却有相当弹性的材料，可做框架、板材，由于材料特点及强度限制，很少有单跨的大尺度空间。

建筑材料在合成技术发明之前，主要取之于自然界，如土、石材、竹材和木材等，所以只能将建筑控制在一定的跨度和高

第四章 环境艺术设计的空间影响因素

度范围内。钢和钢筋混凝土等现代材料得到应用后，随之大跨度建筑和高层建筑也得以产生（图4-18、图4-19）。

图4-18 不同材料形成的比例

(左)巴黎，圣母院，侧立面的一个跨间比例是以材料(石头)和结构体系(哥特式拱顶)为基础的，跨间自然就高和相应地狭窄。(右)20世纪敞朗的建筑物之一角比例是以钢及混凝土和现代框架结构为基础的，跨间自然就矮和相应地宽阔。

一个廊道

由小尺寸的材料与结构所得到的相对矮而宽的立柱支承着混凝土屋顶。

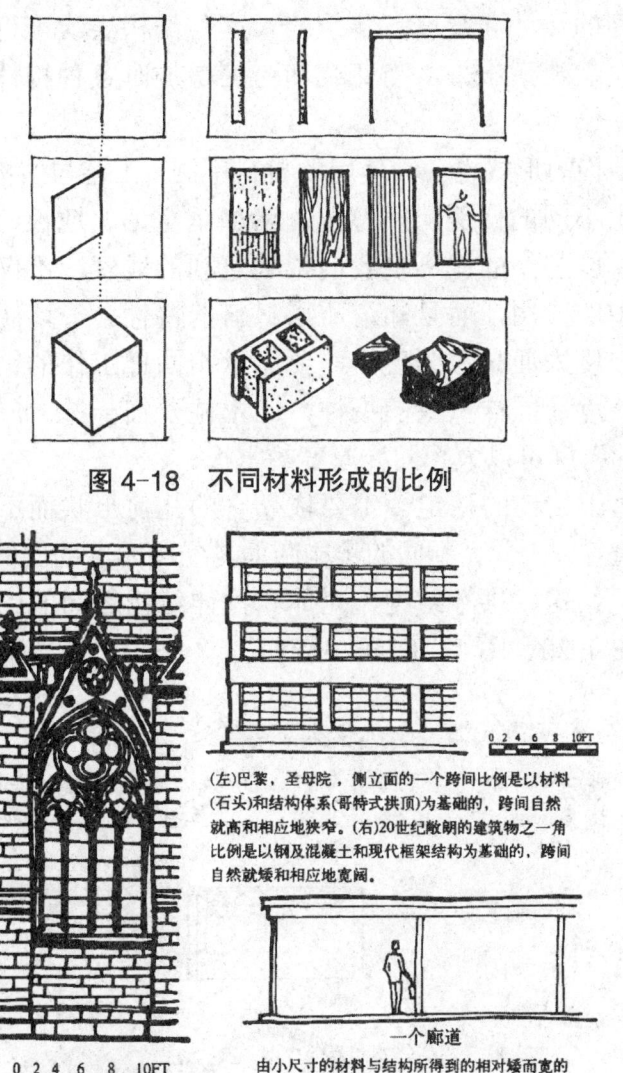

图4-19 钢筋和混凝土材料的应用

2. 空间结构形态的尺度

在所有的空间结构中，以一定的材料构成的结构要素跨过一定的空间，以某种结构方式将它们的受力荷载传递到预定的支撑点，形成稳定的空间形态。这些要素的尺寸比例直接与它们承担的结构功能有关，因此人们可以直接通过它们感觉到建筑空间的尺寸和尺度。建筑的尺度与结构层次可以通过主次结构的层次观察出来，当荷载和跨度增加时各种构件的断面都要增加。

结构的形式也会因使用的材料不同，工艺与结构特点不同，呈现出不同的比例尺度特征。诸如承重墙、地板、屋面板和穹顶等，以它们的比例使我们得到直观的线索，不仅了解它们在结构中的作用，而且知道所用材料的特性。一堵砖石砌体由于抗压强度大而抗拉强度小，要比承担同样工作的钢筋混凝土厚一些。承受同样重量的钢柱，比木柱要细一些。厚的钢筋混凝土板的跨度可以大于同样厚度的木板。

由于结构的稳定性主要依靠它的几何形状而不是材料的强度和重量，因此，不同的结构断面与空间跨度的比例差距很大。如梁柱结构、拱券结构、壳体和拉伸结构之间的比例差距就很大（图4-20、图4-21、图4-22）。

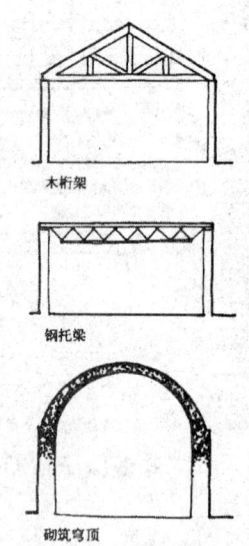

图4-20　拱券结构的比例差距

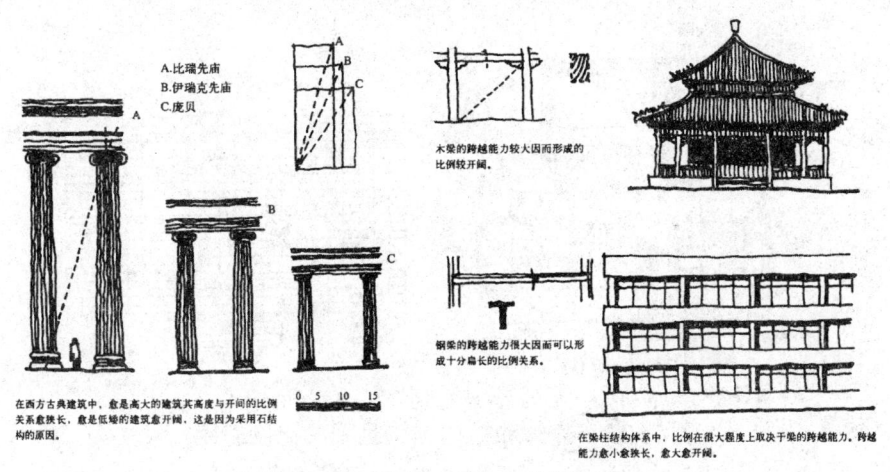

第四章 环境艺术设计的空间影响因素

A.比瑞先庙
B.伊瑞克先庙
C.庞贝

木梁的跨越能力较大因而形成的比例较开阔

在西方古典建筑中，愈是高大的建筑其高度与开间的比例关系愈狭长，愈是低矮的建筑愈开阔，这是因为采用石结构的原因。

钢梁的跨越能力很大因而可以形成十分扁长的比例关系。

在梁柱结构体系中，比例在很大程度上取决于梁的跨越能力。跨越能力愈小愈狭长，愈大愈开阔。

图 4-21 梁柱结构的比例差距

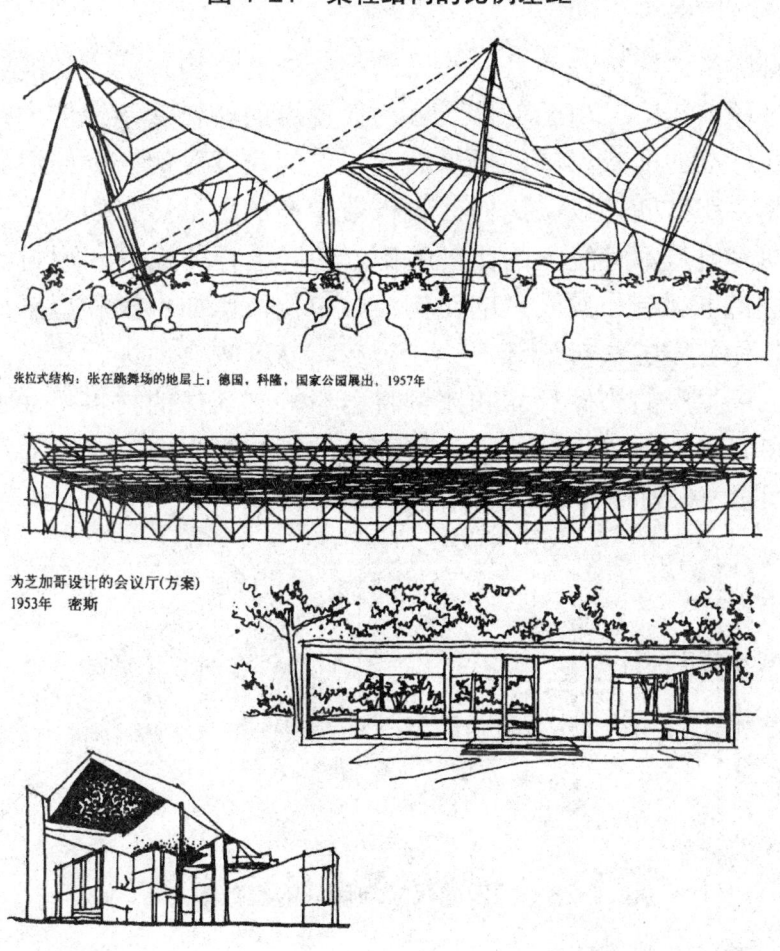

张拉式结构：张在跳舞场的地层上，德国，科隆，国家公园展出，1957年

为芝加哥设计的会议厅（方案）
1953年 密斯

环境艺术设计的影响因素与表达手段

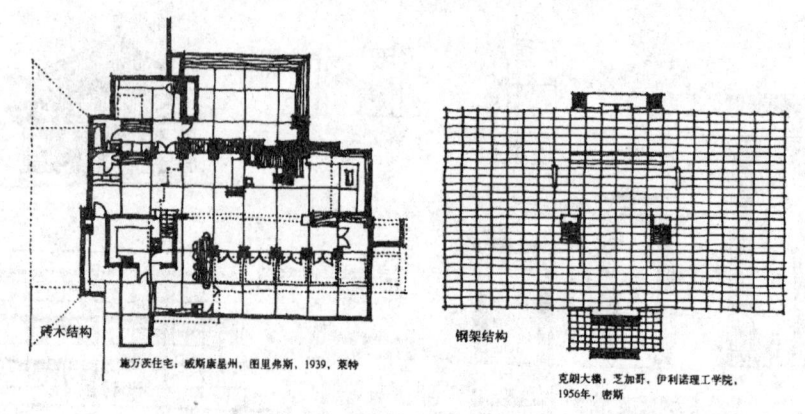

图 4-22　壳体和拉伸结构之间的比例差距

3. 制造的尺度

许多建造构件的尺寸和比例都要受到结构特征、功能和生产过程的影响。由于构件或者构件使用的材料受制造能力、工艺和标准的要求影响，所以都有一定的尺度比例。例如混凝土预制件和砖就是以一定的建筑模数生产的，虽然它们的尺寸不相同，但是都有统一的比例基础。各种各样的板材和型材等建筑材料也都制作成固定的比例模数单位，比如木板和型钢。由于各种各样的材料最终汇集在一起，高度吻合地进行建造，所以工厂生产的构件尺寸和比例将会影响到其他的材料尺寸、比例和间隔，例如门窗的尺寸与砌块的模数相吻合，龙骨的尺寸和间隔与板材的标准一致（图 4-23）。

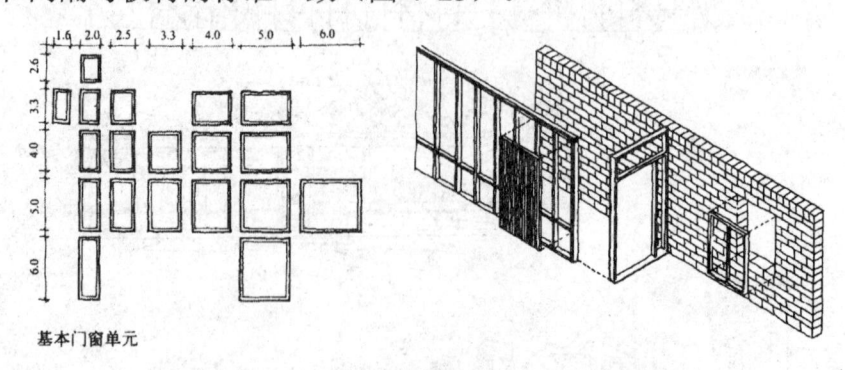

图 4-23　门窗的尺寸与砌块的模数相吻合

第四章　环境艺术设计的空间影响因素

（三）环境

环境因素是界定于影响环境空间的整体综合性环境，其中主要以社会环境——人类文化，自然环境——地理和物产两个方面为主。

1. 社会环境——人类文化

（1）生活方式的不同

在世界各地的人都会有不同的生活方式，而不同的生活方式，会以不同的形式经过不同的途径来影响空间环境的尺度。如高坐具与席地而居的不同对建筑空间尺度的影响；传统的农耕手工业式的生活与现代化生产、交通对城市尺度的不同影响。

（2）传统建筑文化

在传统建筑文化中，有很多因素是由纯观念性的文化因素控制，建筑的形制、数字的选择，经常会有一些观念性的东西掺杂其中。如中国文化认为6、8、9等数字的吉祥含义使得很多的尺度界定由这些数字或它们的倍数来决定。不论是东方还是西方建筑，这种由文化观念影响的建筑形态与尺度的例子很多，如哥特式建筑的高耸式空间。

尺度实质是空间环境与人的关系方面的一种性质，就此而言，它是第一重要的。因为人居空间环境的存在，是为了让人们去使用去喜爱，当人居空间环境和人类的身体及内在感情之间建立起紧密和间接的关系时，建筑物就会更加有用，更加美观（图4-24）。

2. 自然环境——地理和物产

空间尺度也受各地不同的自然地理条件的影响。因日照、气象、植被、地形等因素的变化，在建筑的空间尺度上就有很多的例子，如北方的四合院和南方的"庄巢"民居（图4-25）。[①]

[①] 北方气候寒冷，冬季时间长，所以建筑的整体上更加封闭，而中间的庭院则为了获得更多的日照而比较宽敞，整个空间的比例为横向的低平空间。在南方，夏天日照强烈，故遮阳为首要考虑的因素，从而在建筑上将院落缩小为天井，天井既可以满足采光要求，又有利于通风和遮蔽强烈的日光辐射。这种院落与建筑的尺度变化就与气候类型有密切的关系。

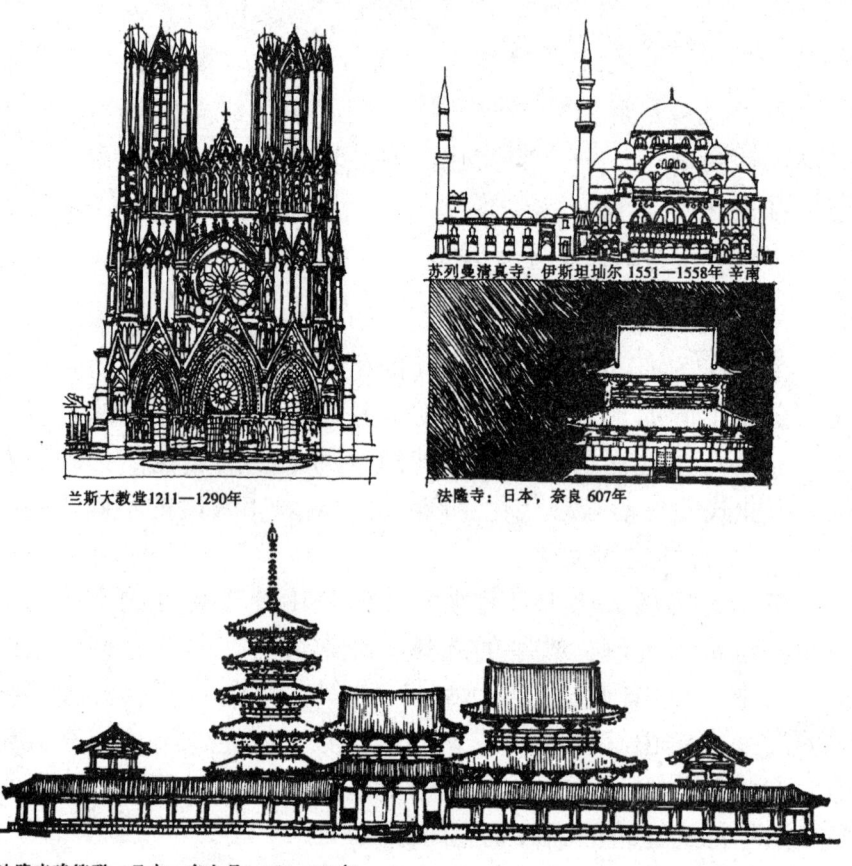

兰斯大教堂1211—1290年　　法隆寺：日本，奈良607年

法隆寺建筑群：日本，奈良县，607—746年

图 4-24　传统建筑文化中环境因素对尺度的影响

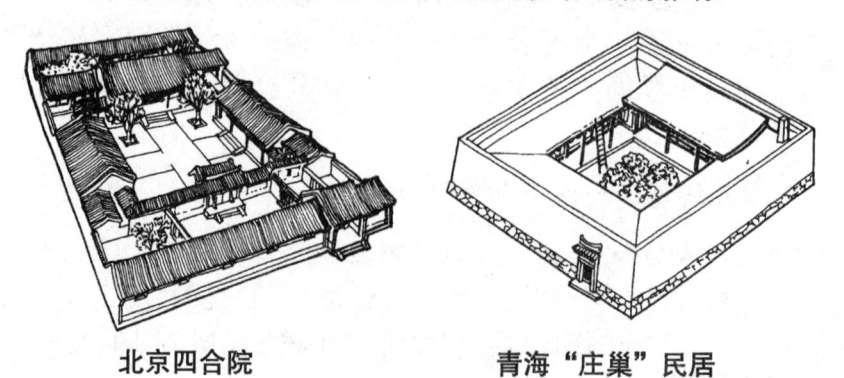

北京四合院　　青海"庄巢"民居

图 4-25　院落的建筑尺度与气候类型的关系

第四章　环境艺术设计的空间影响因素

第二节　环境艺术设计的空间形态

一、空间形态要素

环境艺术设计的空间形态是由实体与虚体两个部分构成。

（一）实体要素

实体形态具有三维空间特征。空间的形态是通过点、线、面的运动形成的界面围合而产生的形状，以加强人们对空间的视觉认知性。如果将实体的形进行分解，应该可以得到以下基本构成要素，即点、线、面和体。[①]

对于城市环境中的室外局部环境设计，其分布形态可分为点状布局[②]、线状布局[③]、面状布局[④]，而环境内部的空间形态同样存在着点实体、线实体和面实体，其分布一方面是按照功能要求进行布局的，另一方面则应完全考虑到整体的视觉需求来布置。

1. 点

点是概念性的，没有体型或形状，通常以交点的形式出现，在空间构造上起着形状支点的作用，是若干边棱的汇聚点。在

[①] 这些要素在形象塑造方面具有普遍性意义，在环境艺术设计空间形态的实体存在中，主要体现于客观的限定要素，地面、墙面、顶棚或室外环境中的硬质及软质构成设置就是这些实在、具体的限定要素。我们对这些限定要素赋予一定的形式、比例、尺度和样式，形成了具有特定意义的空间形态，并造就了特定意义的空间氛围。
[②] 点状布局的室外环境具有相对的独立性，表达着一定范围的环境意义，但其自身又具有"面"的概念。
[③] 线状布局的室外环境呈线形连续分布的环境状态，具有清晰的方向性和较强的功能性，通过线形联系，将许多"点"贯穿起来，形成一定规模的空间环境。
[④] 面状布局相对于城市空间，实际上可以理解为较大的点。

环境艺术设计空间中，具有"点"的视觉意义的形象却是随处可见的，例如一幅小装饰画对于一面墙，或一件家具对于一个房间等。这个点尽管相对很小，但其在室内空间中却能起到以小压多的作用。大教堂中的圣坛，若与整个空间相比尺度很小，但它却是视觉与心理的汇聚中心（图4-26）。

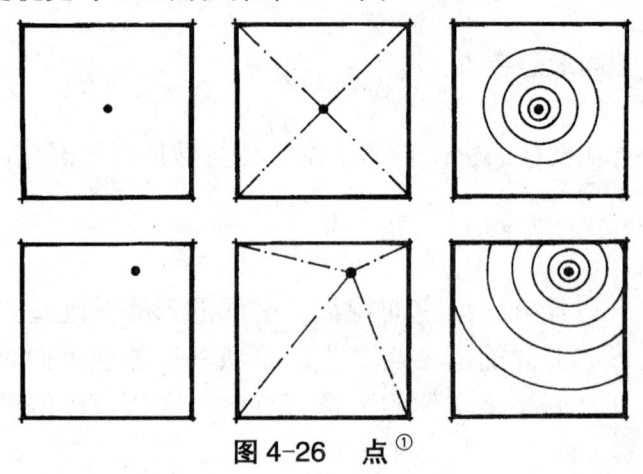

图4-26 点[1]

2. 线

"线"是由"点"的运动或延伸形成的，同时也是"面"的边缘和界限。[2] 线的体系也颇为庞大，有直线、有曲线。线与线相接又会产生更为复杂的线形，如折线是直线的接合，波形线是弧线的延展等。

（1）直线

直线分为垂直、水平和各种角度的斜线（图4-27）。

---

[1] 郑曙旸.环境艺术设计[M].北京：中国建筑工业出版社，2007
[2] 尽管从概念上来讲，一条线只有一个量度，但它必须具备一定的粗细才能成为可视的。之所以被当作线，就是因为线的长度远远超过其宽度（或曰粗度），否则线太宽或太短均会引起面或点的感觉，线的特征也就荡然无存了。长的线保持着一种连续性，如城市道路、绵延的河流；短的线则可以限定空间，具有一定的不确定性。方向感是线的主要特征。

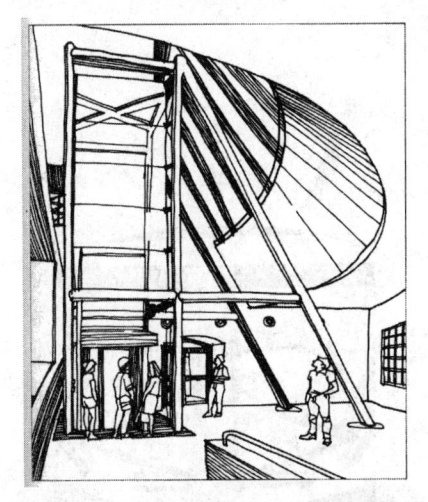

图 4-27 斜线带来的动势和现代感

在尺度较小的情况下，线可以清楚地表明"面"和"体"的轮廓和表面。这些线可以是在材料之中或之间的结合处，或者是门窗周围的装饰套，或者展现空间中梁、柱的结构网格（图4-28）。

图 4-28 顶部构架与垂直立柱结合所形成的空间的线要素

（2）曲线

曲线的种类有几何形、有机形与自由形等。

直线和曲线同时运用在设计中会产生丰富、变化的效果，具有刚柔相济的感觉（图 4-29）。

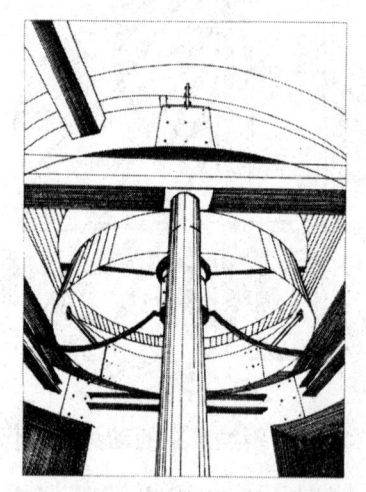

图 4-29　曲线与直线的结合

不同样式的"线"以及不同的组合方式往往还带有一定的地域风格、时代气息或人（设计师或使用者）的性格特征。

3. 面

"面"是线在二维空间运动或扩展的轨迹，也可以由扩大点或增加线的宽度来形成，还可被看成是体或空间的界面，起到限定体积或空间界限的作用。面在三维空间中有直面和曲面之分。

（1）直面

直面最为常见。一个相对单独的直面其表情可能会显得呆板、平淡，但经过有效的组织也会产生富有变化的生动效果。折面就是直面组织后的形象反映，如楼梯、室外台阶等（图 4-30）。斜面可为规整的空间形态带来变化。①

---

① 视线以上的斜面能强化空间的透视感；视线以下的斜面则常常具有功能上的引导性，如坡道等。这些斜面均具有一定动势，使空间富有流动性。

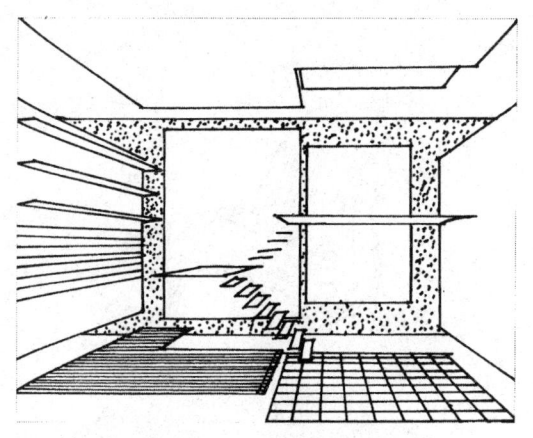

第四章　环境艺术设计的空间影响因素

图 4-30　直面的组合

（2）曲面及其处理

曲面更富有弹性和活力，为空间带来流动性和明显的方向感。曲面内侧的区域感较为清晰，并使人产生较强的私密感；而曲面外侧则会令人感受到其对空间和视线的导向性。自然环境中起伏变化的土丘、植被等地貌也应是曲面特征的具体体现（图4-31）。

图 4-31　曲面使空间形成动势

由面形成的各种家具、颜色和材质的变化也会产生不同的视觉效果（图 4-32）。

图 4-32　由曲面形成的家具

4. 体

"体"是通过面的平移或线的旋转而形成的三维实体。对"体"的理解应融入时间因素，否则可能会以偏概全，使"体"的形象不够完整和丰满。

体可以是有规则的几何形体，也可能是不规则的自由形体。在空间环境中，体一般都是由较为规则的几何形体以及形体的组合所构成。[1]

"体"通常与"量""块"等概念相联系。"体"的重量感与其造型、各部分之间的比例、尺度、材质甚至色彩均存在一定关系（图4-33）。[2]

---

[1] 可以看作体的构成物，要以空间环境的尺度大小而定，室内空间主要体现在结构构件、家具、雕塑、墙面凸出部分等；室外空间则体现于地势的变化、雕塑、水体、树木及建筑小品等。如果没有一定的空间限定，上述环境要素就可能变成"线"或"点"的感觉；如果存在空间的限定性，并且它占据了相当的空间，那么其"体"的特征也就相当明显和突兀了。牛的体量不算小，但卧在颐和园昆明湖边的铜牛就只能当作一个"点"来看待。
[2] 例如同是柱子，其表面材质贴石材与表面包镜面不锈钢，重量感会大不相同；同时，"体"表面的某些装饰处理也会使视觉效果得到一定程度的改变。如果在柱表面作竖向划分，其视觉效果就会显得轻盈纤秀，感觉不到，柱子的粗大笨重。

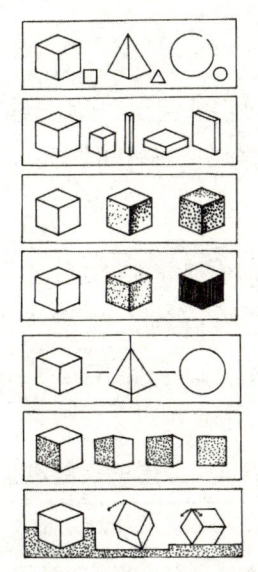

第四章　环境艺术设计的空间影响因素

图 4-33　体与造型、比例、尺度、材质等的关系

在环境艺术设计中，"体"往往是与"线""面"结合在一起形成的造型，但一般仍把这一综合性的"体"要素当作"个体"（图 4-34）。①

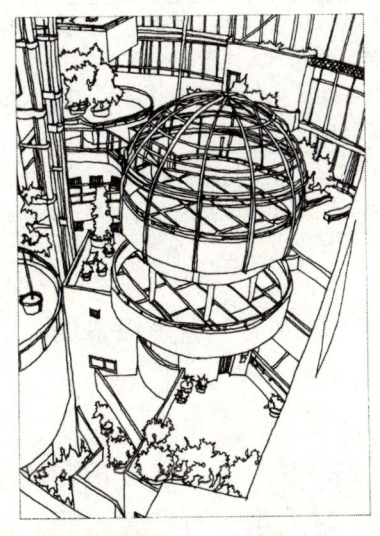

图 4-34　圆的造型在空间中突出了体的感觉

---

① 从心理与视觉效果来看，体的分量足以压倒线、面而成为主角。因为有些体也未必真是实体（如椅子、透雕之类），尽管有一定的虚空成分，但大多以"体"的特征昭示于不同环境之中。

(二)虚体要素

虚体要素主要指"虚的点""虚的线""虚的面",而"虚的体"则是另外一种阐释的"空间"。[①]

1. 虚的点

"虚的点"是指通过视觉感知过程在空间环境中形成的视觉注目点,可以控制人的视线,吸引人对空间的关注和认知。虚的点一般包括透视灭点、视觉中心点以及通过视觉感知的几何中心点等,见表4-4所示。

表4-4 虚的点的类别

类别名称	概念、意义及设计
透视灭点	透视灭点指人通过视觉感知的空间物体的透视汇聚点。空间物体透视的存在改变了空间形态,特别是随着观察角度的变化,空间视觉形态也会转变。决定空间透视灭点的是人的观察位置和空间布局。在环境设计中主要是从此两方面来处理空间的透视效果,使空间展现出其完整而富于方向性和变化性的视觉形象。
视觉中心点	视觉中心点指在空间中制约人的视觉和心理的注目点。它往往决定于观察者的位置和空间中各个环境要素的布置。在环境设计中可以只有一个视觉中心点,也可根据场所的需要设置多个视觉中心点。
几何中心点	几何中心点指空间布局的中心点,空间的构成要素往往与之存在对应关系。西方园林的格局形式大多以此关系而形成。

2. 虚的线

室内外环境中"虚的线"也是很多的,它应是一个想象中的要素,而非实际的可视要素。

(1)轴线

轴线是一种常见的虚的线,它是指在环境布局中控制空间结构的关系线(如几何关系、对位关系等),在环境中对环境

[①] 所谓"虚"是指一种心理上的存在,它可能是不可见的,但却能以实的形所暗示或通过关系推知和被感受到。这种感觉有时是显而易见的,有时是模糊含混的,它表明了结构及局部之间的关系。这是把握形的主要特征的一种提示性要素,也是空间环境视觉语言中的重要语汇。

第四章　环境艺术设计的空间影响因素

布局起到决定作用。因此在这条线上，各要素可以作相应的安排。

环境设计中可利用对称性突出轴线，通过两侧的布局关系，如树木、绿地、小品、建筑的对应关系，加上其他景观要素**强化轴线感觉**。[①] 轴线可以连接各个景观，同时通过视觉转换，把不同位置上的景观要素连接成一个整体。

小空间的轴线感觉并不强烈，但要素之间有明显的对应关系，通过视觉能感受到这种主线的存在并能引导人的行为和视线，因此轴线往往与人行动的流线相重合。

（2）断开的点

当人们看到间断排列的点时会有心理上的连续感，形成一种心理上的界限感或区域感。平面图上的列柱就是点的排列，虚的线也就形成了并且使空间有了分隔的感觉（图4-35）。

图4-35　顶部灯的排列形成的虚的线

另外，光线、影线、明暗交界线等也应看作是一种特殊意义上的"虚的线"。

3. 虚的面

由密集的点或线所形成的面的感觉，可理解为虚的面。例

[①] 最为典型的就是北京城的南北中轴线，天安门广场上的纪念碑、城楼、人民大会堂、国家博物馆及故宫、景山、钟鼓楼都是强化轴线的重点要素，重新复建的城南永定门城楼则更加强化了这条南北轴线。

如一些办公空间经常使用的百叶窗帘，还有我国北方农村家庭，经常喜欢用串起的珠子当作门帘，这些都可看作是由密集的点的排列而形成虚的面，它可以使人产生心理上的空间界限。可见，由这样的虚面划分空间，被分隔的空间的局部具有连续感并且相互渗透，使之既分又合，隔而不断（图4-36）。

图4-36 顶部曲线形成的虚的面

还有一种虚的面，其在视觉上并不十分明显，是指间断的线或面之间形成的面的感觉。街道两旁的路灯杆或室内空间的列柱，都会给人以面的感觉，并将空间分隔成虚拟的区域。有的教堂室内空间，由于密柱成排，常被分为中央主空间和两侧的附属空间，使得轴线感和领域感得到加强，也是因为密柱而产生的虚面的原因。

4. 虚的体

虚的体可以说是一种特殊类型的空间，这是循着虚的点、虚的线、虚的面这一思路分析的结果。该种空间有"体"的感觉，具有一定的边界和限定，只是该"体"内部是虚空的。室内空间实际上就属于这一范畴。相反，一个孤立的实体，它周围有属于其支配的空间范围，这是由"力场"形成的领域，而由此造成发散的无边界的空间，这样的空间若没有更大界面的围合，就不能看作是虚的体。实的实体和空的虚体的对立统一体，就

第四章 环境艺术设计的空间影响因素

代表着室内外空间的典型特征。只不过要结合实际情况，考虑其具体的尺寸大小、尺度关系、光色和台地等因素，以达到形体与空间的有机共生。

虚的体，其边界可以是实的面，也可以是虚的面。两面平行的墙面之间可形成三个虚面（两侧一顶），凹角的墙也可形成两个虚面（一侧一顶），若是四根立柱围合，同样也可以形成五个虚面（四侧一顶）。它们均能围合出虚的体。其内部空间是积极的、内敛的。常常围绕柱子而设计的圆形休息座，尽管可以歇歇脚、喘喘气，但总感觉身处众目睽睽之下不甚自在。而常见的沙发、圈椅等就可看作"虚的体"，"火车座"式的空间也显得安定感颇强，心里踏实。

二、空间形态构成及模式

（一）空间形态构成的基本形式

1. 几何形

几何形几乎主宰了室内空间设计的环境构成。几何形中有两种截然不同的类型——直线形和曲线形。它们最规整的形态，曲线中以圆形为主，直线中则包括了多边形系列。在所有形态中，最容易被人记住的要算是圆形、正方形和三角形，折射到三维概念中，则出现了球体、圆柱体及立方体等。

（1）正方形

正方形表现出纯正与理性，具有规整和视觉上的准确性与清晰性。

各种矩形都可以被看作是正方形在长度和宽度上的变体。[①] 在室内空间中，矩形是最为规范的形状，绝大多数常规的空间形态都是以矩形或其变异而展现的（图4-37）。

---

① 尽管矩形的清晰性与稳定性可能导致视觉的单调，但借助于改变它们的大小、比例、质地、色泽、布局方式和方位，则可取得各种变化。

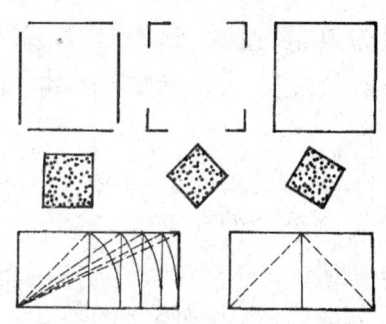

图 4-37　正方形形态的变化

（2）圆形

圆形是一种紧凑而内敛的形状，这种内向是对着自己的圆心自行聚焦。它表现了形状的一致性、连续性和构成的严谨性。

圆的形状通常在周围环境中是稳定并自成中心的，然而当与其他线形或其他形状协同时，圆可能显示出分离趋势。[①]

（3）三角形

三角形表现稳定，由于它的三个角度是可变的，故三角形比正方形或长方形更易灵活多变。此外，三角形也可以通过组合形成矩形以及其他各种多边形（图4-38）。

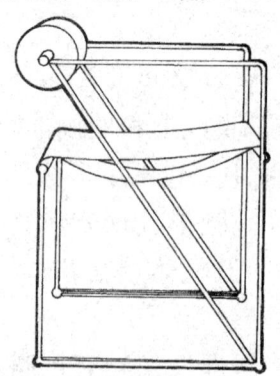

图 4-38　斜线的支撑使凳子形成了三角形的感觉

2. 自然形

自然形表现了自然界中的各种形象和体形，这些形状可以

---

① 曲线形都可以被看作是圆形的片断或圆形的组合，无论是有规律的或是无规律的曲线形，都有能力去表现形态的柔和、动势的流畅以及自然生长的特质。

第四章　环境艺术设计的空间影响因素

被加以抽象化，但仍保留着它们天然来源的根本特点。

3. 非具象形

有些非具象形是按照某一程式化演变出来的，诸如书法或符号，携带着某种象征性的含义；还有其他的非具象形是基于它们的纯视觉的几何性诱发而形成的（图4-39）。

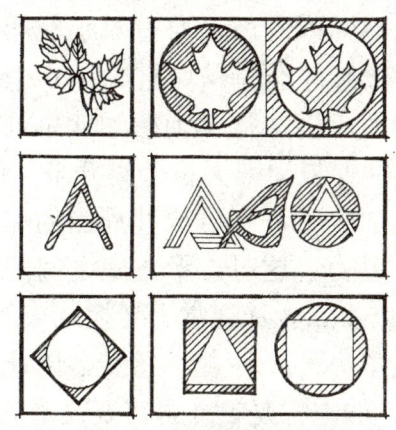

图 4-39　非具象形的变化

（二）空间形态构成的模式分析

空间中许多构成因素，如形式、材质、色彩、比例、尺度等的变化，都会带来空间感的变化，如图4-40所示。

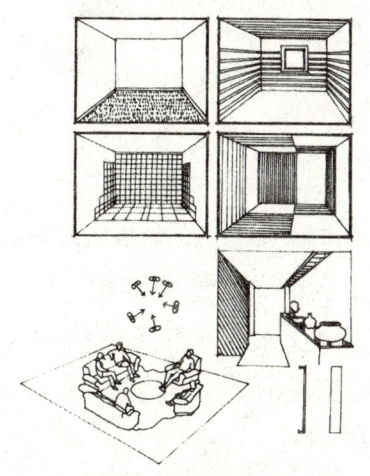

图 4-40　空间感的变化

显然，形成空间与形式的静态实体与动态虚拟的相互关系，可以理解为是图形与背景的关系、正与负的关系或形与底的对立统一关系。

1. 静态实体构成模式

（1）形与底的关系论断

对一个构图的感知或理解，要看对于空间中正与负两种关系之间的视觉反映做何种诠释和观照。字母"a"对于背景而言可认为是图形，因而可以从视觉上感知此单词。它与背景形成反差对比，并且其位置与周围关系分离开来；但当"a"的尺寸在所处环境中逐渐加大时，字母或其周围的非字母因素就开始争夺人们的视觉注意力。这时，形与底之间的相互关系会变得暧昧起来，以致可以将二者从视觉上转换过来——形看作底，底当作形，完全形成了另外一种视觉感受。因此，对空间的实体要素的"体"和"量"的把握是设计中需要慎重处理的（图4-41）。

图 4-41 形与底的转换关系图示

（2）构成空间形态的垂直要素分析

垂直的形体，往往比水平的面更为引人注意，更为活跃。无论是室内空间还是室外环境，垂直要素都起着不可忽视的重要作用，如图4-42所示。

第四章　环境艺术设计的空间影响因素

图 4-42　织物构成的空间的垂直要素

①垂直的线要素

垂直的线要素，以常见的灯柱为例。它在地面上确定一个点，而且在空间中引人注目。一根独立的柱子是没有方向性的，但两根柱子就可以限定出一个面。柱子本身可以依附于墙面，以强化墙体的存在；也可以强化一个空间的转角部位，并且减弱墙面相交的感觉。柱子在空间中独立，可以限定出空间中各局部空间地带。①

没有转角和边界的限定，就没有空间的体积。而线要素即可以用于此目的，去限定一种在环境中要求有视觉和空间连续性的场所。两个柱子限定出一个虚的面，三个或更多的柱子，则限定出空间体积的角，该空间界限保持着与更大范围空间的自由联系。有时空间体积的边缘，可以用明确它的基面和在柱间设立装饰梁，或用一个顶面的方法来确立上部的界限，从而使空间体积的边缘在视觉上得到加强。此种手法在室内外环境设计中屡见不鲜。

垂直的线要素还可以终结一个轴线，或形成一个空间的中心点，或为沿其边缘的空间提供一个视觉焦点，成为一个象征性的视觉要素。

---

① 当柱子位于空间的中心时，柱子本身将确立为空间的中心，并且在它本身和周围垂直界面之间划定相等的空间地带；柱子偏离中心位置，将会划定不等的空间地带，其形式、尺寸及位置都会有所不同。

一排列柱或一个柱廊，可以限定空间体积的边缘，同时又可以使空间及周围之间具有视觉和空间的连续性。它们也可以依附于墙面，形成壁柱，展现出其表面形式、韵律及比例。大空间的柱网，可以建立一种相对固定的、中性的（交通要素除外）空间领域。在这里面，内部空间可以进行自由分隔或划分（图4-43a、图4-43b）。

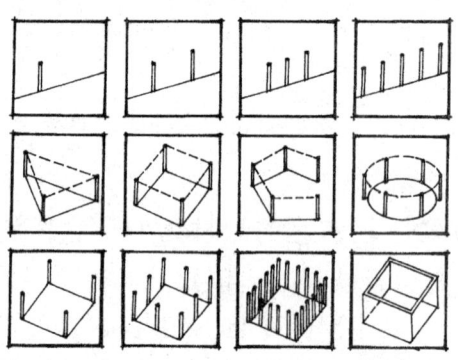

图4-43a 柱子对空间的限定作用图示

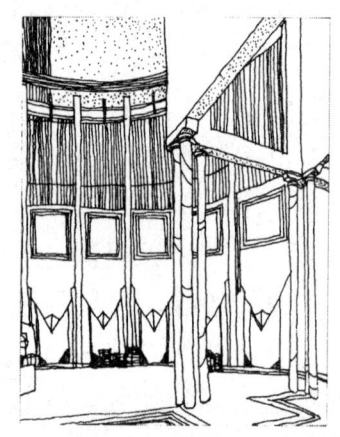

图4-43b 柱子形成的垂直线要素对空间界限的强化

②垂直的面要素

垂直面若单独直立在空间内，其视觉特点与独立的柱子截然不同。可将其作为是无限大或无限长的面的局部，成为穿越和分隔空间体积的一个片段。

一个面的两个表面，可以完全不同。面临着两个相似的空间，或者它们在样式、色彩和质感方面不同，去适应或表达不同的空间条件。最为常见的是室内空间的固定屏风或影壁，既起到空间的过渡作用，又具有一定的视觉观赏特征。

为了限定一个空间体积，一个面必须与其他的形态要素相互作用。一个面的高度影响到面从视觉上表现空间的能力。面的高矮会对空间领域的围护感起相当重要的作用，同时面的表面的形成要素、材质、色彩、图案等将影响到人们对它的视觉分量、比例等感知。实的面和虚的面会形成不同的视觉感受；同样，平的面和曲的面也会带来不同的视觉形态（图4-44a、图4-44b、图4-44c）。

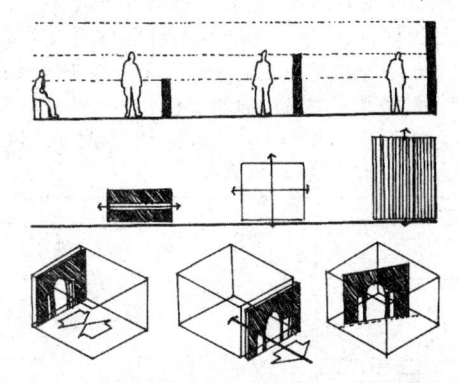

图4-44a 面的高矮和位置对空间的影响

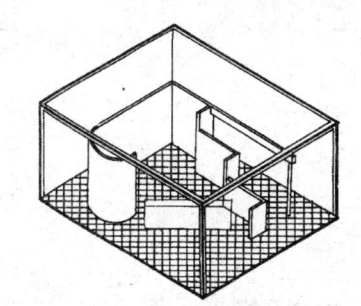

图4-44b 面对空间的维护

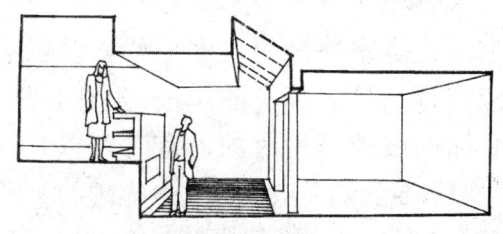

图4-44c 面的高低形成的空间的变化图示

垂直的面要素不见得只是独立的，还会有其他一些形式如 L 形垂直面、平行的垂直面、U 形的垂直面等，见表 4-5。

表 4-5 垂直的面的要素的形式

形式类别	特点及意义
L 形垂直面	易产生较为强烈的区域感。
平行的垂直面	限定出的空间范围，会带来一种强烈的方向感和外向性。有时通过对基面的处理，或者增加顶部要素的手法，使空间的界定得到强化。但如果两个平行面相互之间在形式、色彩或质感方面有所变化，那么就可能产生空间的视觉趣味。
U 形的垂直面	它具有独特的有利方位，允许该范围与相邻空间保持视觉上和时间上的连续性。实际上，利用 U 形垂直面去限定围合起一个空间区域，此种方法也是司空见惯、俯拾皆是。沙发围合的 U 形区域也可以理解为低矮垂直要素的典型实例。另外，室内空间的 U 形围合也可以存在尺度上的变化，因此常以凹入空间或墙的壁龛作为具体体现，如图 4-45 和图 4-46 所示。

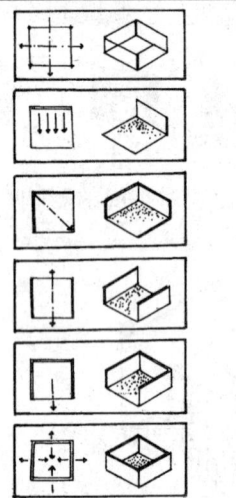

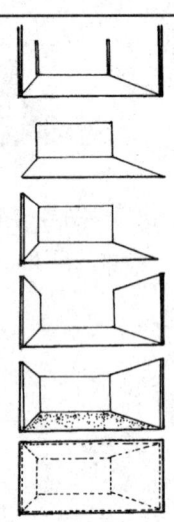

图 4-45 垂直面变化形成的区域感　　图 4-46 基面界限的流动或明确

（3）构成空间形态的水平要素分析

无论室内空间还是室外空间，水平要素多以点、线或面的形式来体现，应该说是最为丰富的。根据空间尺度大小变化，水平要素中点、面的概念是相对的，有时可以是互为转化的。城市景观设计中水平要素的"点"实际上应理解为"面"的概念。因此水平要素通常还是以"面"作为基本特征。

第四章　环境艺术设计的空间影响因素

①基面

空间环境设计中常常以对基面的明确表达，使之划定出虚拟的空间领域并赋予其细部一定的风格要求（图4-47）。

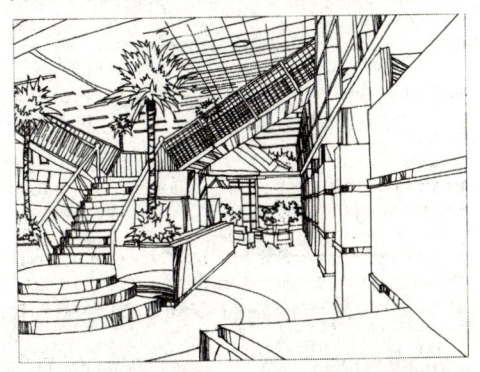

图4-47　基面变化对空间领域感的强化

基面可表现为抬起和下沉两个方面，见表4-6。

表4-6　基面的两种手法

手法名称	释义
基面抬起	基面局部抬起手法已司空见惯，抬高基面的局部，将会在大空间范围内限定出一个新的空间领域。在该局部领域内的视觉感受，将随着抬起面的高度变化而发生变化。通过对抬起面的边缘赋予造型、材质、纹样或色彩的变化，会使这个领域带有特定的性格和特色。抬高的空间领域与周围环境之间的空间和视觉连续程度，主要是依赖抬高面的尺度和高度变化来维系的[①]（图4-48）。
基面下沉	基面局部下沉也是明确空间范围的方法之一。与基面抬起的情况不同之处是基面下沉不是依靠心理暗示形成的，而是可以明确的可见的边缘，并开始形成这个空间领域的"墙"。不难发现，实际上基面下沉与基面抬起也是"形"与"底"的相互转换关系，如果基面下沉的位置沿着空间的周边地带，那么中间地带也就成为相对的"基面抬起"。基面下沉的范围和周围地带之间的空间连续程度，取决于下沉深度的变化[②]。

---

① 可以认为，抬起的面所限定的领域如果其位置居于空间的中心或轴线上时，则易于在视觉方面形成焦点，引人注目。手法虽常见，关键是如何将此手法赋予该空间以新的视觉形象和风格特色。
② 增加下沉部分的深度，可以削弱该领域与周围空间之间的视觉关系，并加强其作为一个不同空间体积的明确性。一旦下沉到使原来的基面高出人们的视平面时，下沉范围就成为实际上的"房间"的感觉了。

环境艺术设计的影响因素与表达手段

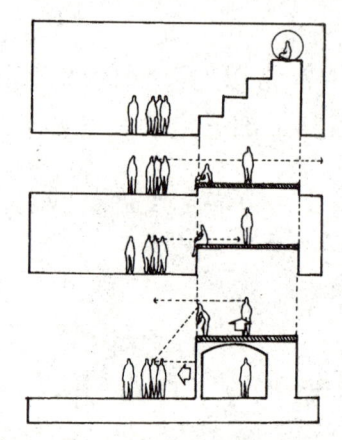

图 4-48 基面抬高对空间和视觉的影响

综上所述，可理解为：踏上一个抬起的基面，可以表现该空间领域的外向性或中心感；而在下沉于周围环境的特定空间领域内，则暗示着空间的内向性或私密感。

②顶面

顶面空间的形式由顶面的形状、尺寸以及距地高度所决定。室内空间的顶棚面，可以反映支撑作用的结构体系形式，也可以与结构分离开，形成空间中视觉上的积极因素。

顶面可以演变成相互间隔的特殊造型，以强化空间的风格要求和视觉趣味。室外空间环境设计中常用的或木质、或混凝土、或金属制作的"葡萄架"或"回廊"，都运用了此表现手法。实际上，通过顶面的形式、色彩、材质以及图案的变化，都会影响到空间的视觉效果，如图 4-49 所示。

图 4-49 顶面变化对空间视觉效果的影响

第四章　环境艺术设计的空间影响因素

2. 动态虚拟构成模式

（1）空间形态的时空转换

人在环境空间中不仅涉及空间变化的实体要素，同时还要与时间要素发生关系。使人不单在静止的时候能够获得良好的心理感受，而且在运动的状态下也能得到理想的整体印象，能够使人对环境空间感到既协调统一又充满变化和节奏。

人在同一空间中以不同的速度行进，会产生完全不同的空间感受，因而会带来不同的环境审美感觉。因此，在环境艺术设计中关注和研究人的行进速度与空间感受之间的关系就显得尤为重要，这与特定空间环境及环境功能要求密切相关，对环境的空间布局、空间节奏等都会带来很大的影响。由于现代环境设计的使用者对所处环境的要求越来越高，人们的兴趣审美日趋多元化，这样必然会带来空间环境使用功能的多元化。正是这种多元化使环境的空间设计出现了多元的艺术处理手法和表现形式。

（2）空间形态的动与静

对于空间环境构成形态的探讨，不应只限于空间的结构形态，如空间的形状、空间的方向、空间的组合等，还要包括空间的其他造型要素、空间的动线组织等等。这些空间形态要素使动与静有机地交织在一起，从而使环境空间充满生机和活力。

"动"与"静"是相对的，是对空间组织和使用功能的特定要求。根据空间功能的需要和其性格特征的要求，不同类型的空间形态对动与静的要求都会有所侧重。该动的要动，该静的则要静；或以动为主，或以静为主；或动中有静，或静中有动，动静结合，共同构成空间形态的鲜明特征。阅览室以静为主，展览馆、购物中心则要求动、静结合，室外环境设计亦是对不同动、静要求的有机统一体。

空间形态的动、静问题，应从以下几方面考虑，见表4-7。

表 4-7　空间形态的要素

要素名称	含义及内容释义
方向	为所有空间形态的关系要素之一，离不开空间的形状、尺度等。所谓不同形态的空间具有各自不同的性格和表情，主要是根据方向这个关系要素产生的。水平方向和垂直方向的空间会给人以不同方向的动感，而斜向空间则感觉方向性更强，这种方向性较强的空间也容易使人产生心理上的不稳定。这就需要在设计时动静结合，通过静态要素的合理组织，一方面满足功能上的要求，一方面给人以心理上的平衡感，见图 4-50。
动线	空间的动线可以理解为空间中人流的路线，它是影响空间形态的主要动态要素。在空间中对动线的要求主要存在两方面问题：一是视觉心理方面；二是功能使用方面。根据人的行为特征，环境空间的表现基本体现为"动"与"静"两种形态，具体到某一特定的空间，动与静的形态又转化为交通面积与实用面积。反映在空间环境的平面划分方面，动线所占有的特定空间就是交通面积，而人以站、坐、卧的行为特征停留的特定空间，则是以"静"为主的功能空间。
构图	由多个空间组织的形式和关系，也是构成空间形态动与静的重要因素。空间之间的并列、穿插、围合、通透等手法都会给人带来心理上动与静的感觉。对称的布局形式与非对称的灵活空间相比较，明显带有宁静感、稳定感和庄重感；而非对称布局显现出来的则是灵活、轻松的动态效果，蕴藏着勃勃生机。
光影	空间环境的光影变化也会产生一定的动态效应。自然光的移动与人工照明的特殊动感会强化空间形态中"动"的因素，同时营造出丰富的空间层次。
构件与设施	有些建筑的大型构件会带有相对较强的动态特征，同样会强化空间形态的动态效果；一些设施如自动滚梯、露明电梯等更是影响动与静的形态要素。这时，空间形象的运动和变化结合着人流的动线，与静态要素交织在一起形成有机统一，共同构成特定空间的主旋律。
水体与绿化	水体和绿化是环境设计中尤为重要、不可忽视的构成要素，它们以各自不同的表现形态展现着自身的独特魅力，点、线、面、体等各种基本形态要素都会有可能通过水体和绿化得到充分体现。水体和绿化也蕴含着内在的生命活力，相对于空间环境整体来讲，更是一种较为含蓄的动、静结合，如图 4-51 所示。

图 4-50　斜向空间带来的上升动感

图 4-51　水体与绿化富有活力

第三节　环境艺术设计的空间组织

一、空间的基本关系类型

（一）包容关系

包容关系是指一个相对较小的空间被包含于另外一个较大

的空间内部，这是对空间的二次限定，也可称为"母子空间"。二者存在着空间与视觉上的联系，空间上的联系使人们行为上的联想成为可能，视觉上的联系有利于视觉空间的扩大，同时还能够引起人们心理与情感的交流。一般来说，子空间与母空间应存在着尺度上的明显差异，如果子空间的尺度过大，会使整体空间效果显得过于局促和压抑。为了丰富空间的形态，可通过子空间的形状和方位的变化来实现，如图4-52所示。

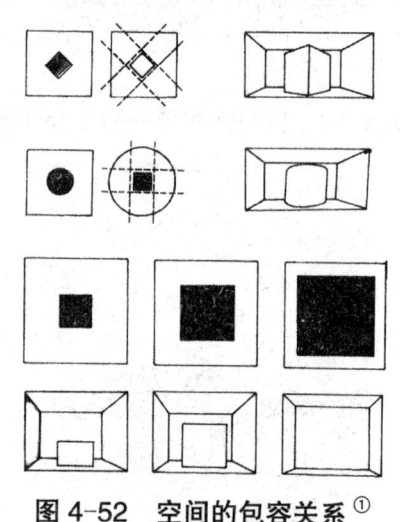

图4-52 空间的包容关系[1]

（二）邻接关系

邻接关系是指相邻的两个空间有着共同的界面，并能相互联系。邻接关系是最基本与最常见的空间组合关系。它使空间既能保持相对的独立性，又能保持相互的连续性。其独立与连续的程度，主要取决于邻接两空间界面的特点。界面可以是实体，也可是虚体。例如，实体一般可采用墙体，虚体可采用列柱、家具、界面的高低、色彩、材质的变化等来设计，如图4-53所示。

---

[1] 李蔚青.环境艺术设计基础[M].北京：科学出版社，2010

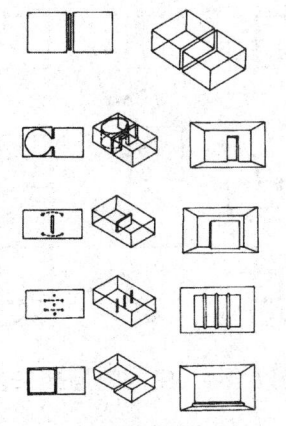

图 4-53　空间的邻接关系

（三）穿插关系

1. 空间穿插关系释义

穿插关系是指两个空间相交、穿插叠合所形成的空间关系。空间的相互穿插会产生一个公共空间部分，同时仍保持各自的独立性和完整性，并能够彼此相互沟通形成一种你中有我、我中有你的空间态势。两个空间的体量、形状可以相同，也可不同，穿插的方式、位置关系也可以多种多样。

2. 空间穿插的表现形式

空间的穿插主要表现为以下三种形式：

（1）两个空间相互穿插部分为双方共同所有，使两个空间产生亲密关系，共同部分的空间特性由两空间本身的性质融合而成。

（2）两个空间相互穿插部分为其中一空间所有，成为这个空间中的一部分。

（3）两个空间相互穿插部分自成一体，形成一个独立的空间，成为两个空间的连接部分，如图 4-54 所示。

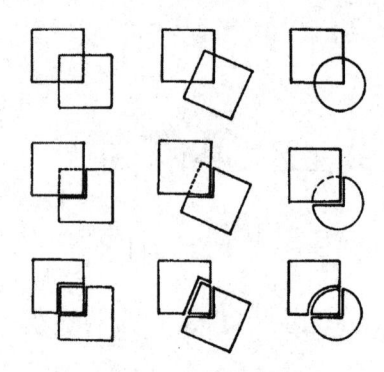

图 4-54　空间的穿插关系

（四）过渡关系

过渡关系是指两个空间之间由第三个空间来连接和组织空间关系，第三个空间成了中介空间，主要对被连接空间起到引导、缓冲和过度的作用。它可以与被连接空间的尺度、形式等相同或相近，以形成一种空间上的秩序感；也可以与被连接的空间形式完全不同，以示它的作用。

过渡空间的具体形式和方位可根据被联系空间的形式和朝向来确定，如图 4-55 所示。

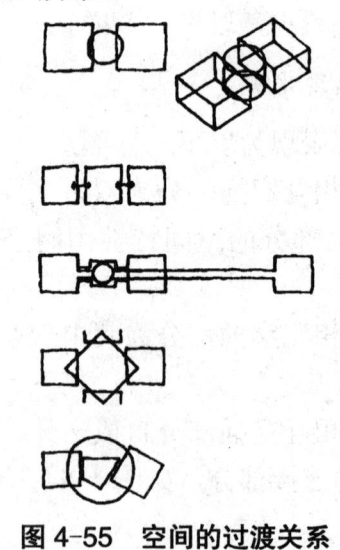

图 4-55　空间的过渡关系

第四章　环境艺术设计的空间影响因素

二、空间的组合方式

空间的组合方式，主要有集中式、放射式、网格式、线式和组团式五种。

（一）集中式

集中式空间组合通常表现为一种稳定的向心式构图，它由一个空间母体为主结构，一系列的次要空间围绕这个占主导地位的中心空间进行组织（图 4-56）。①

图 4-56　空间的集中式组合

集中式空间组合方式的运用，如图 4-57 和图 4-58 所示。

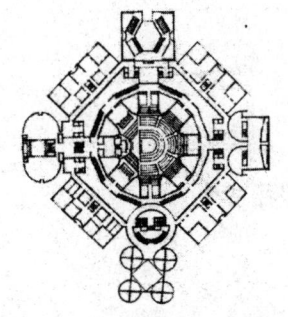

图 4-57　孟加拉国议会大厦　　　图 4-58　法尔尼斯宫

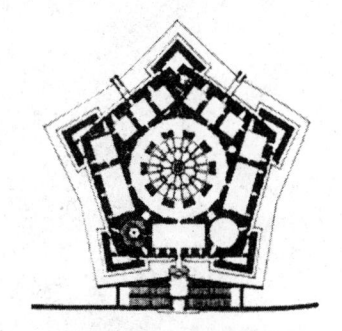

（二）放射式

放射式空间组合方式由一个主导的中心空间和若干向外放射状扩展的线式空间组合而成（图 4-59）。集中式空间形态是一个向心的聚集体，而放射式空间形态通过现行的分支向外伸展。

---

① 处于中心的主导空间一般为相对规则的形状，如圆形、方形或多角形，并有足够大的空间尺度，以便使次要空间能够集中在其周围；次要空间的功能、体量可以完全相同，也可以不同，以适应不同功能和环境的需要。通常，集中式组合本身没有明确的方向性，其入口及引导部分多设于某个次要空间，交通路线可以是辐射式、螺旋式等。

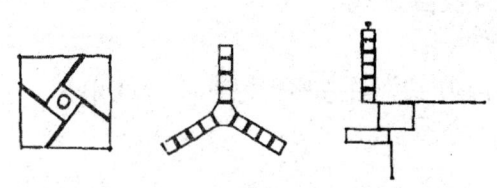

图 4-59　空间的放射式组合

放射式空间组合也有一种特殊的变体，即"风车式"的图案形态。它的线式空间沿着规则的中央空间的各边向外延伸，形成一个富于动感的"风车"图案，在视觉上能产生一种旋转感，如图 4-60 和图 4-61 所示。

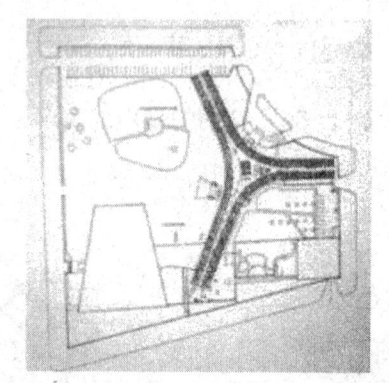

图 4-60　联合国教科文组织秘书处大楼

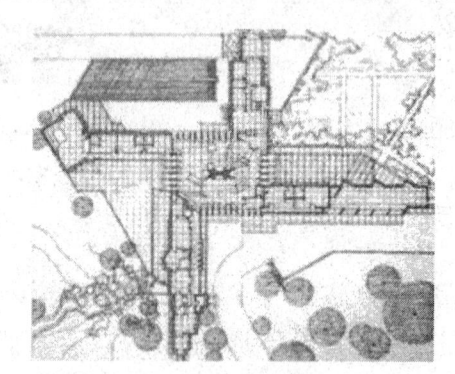

图 4-61　H.F. 约翰逊住宅

（三）网格式

网格式空间组合是空间的位置和相互关系受控于一个三度

网格图案或三度网格区域（图4-62）。网格的组合力来自于图形的规则和连续性，它们渗透在所有的组合要素之间。

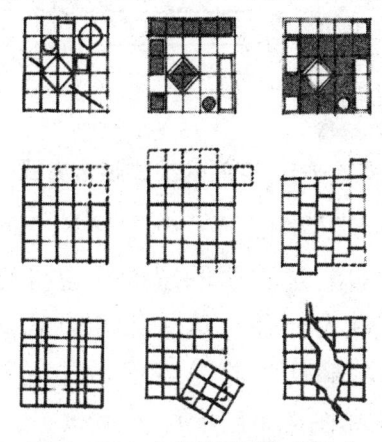

图4-62 空间的网格式组合

由于网格是由重复的模数空间组合而成的，因而空间可以削减、增加或层叠，而网格的同一性保持不变，具有组合空间的能力，如图4-63和图4-64所示。

图4-63 威尼斯医院方案　　图4-64 勃逊纳斯一号住宅

（四）线式

线式空间组合是指由尺寸、形式、功能性质和结构特征相同或相似的空间重复出现而构成（图4-65）；或是将一连串形式、尺寸和功能不相同的空间，由一个线式空间沿轴向组合起来。

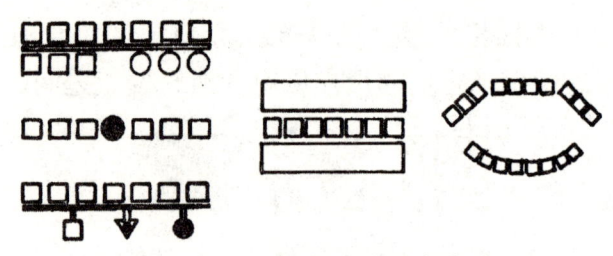

图 4-65　空间的线式组合方式

线式空间组合可以终止于一个主导的空间或形式，或者终止于一个特别设计的清楚标明的空间，也可与其他的空间组织形态或场地、地形融为一体。这种组合方式简便、快捷，适用于教室、宿舍、医院病房、旅馆客房、住宅单元、幼儿园等建筑空间，如图 4-66 和图 4-67 所示。

图 4-66　朝向街道的台地式住宅

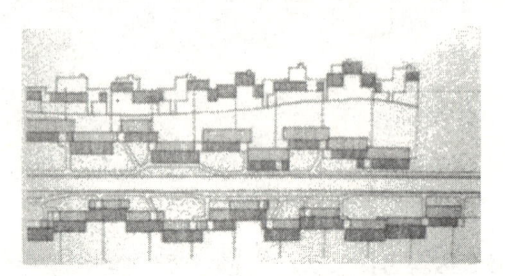

图 4-67　麻省理工学院贝克大楼

（五）组团式

组团式空间形态通过紧密连接使各个小空间之间相互联系，进而形成一个组团空间（图 4-68）。[①] 组合式空间形态的图案并

---

① 每个小空间一般具有类似的功能，并在形状、朝向等方面有共同的视觉特征，但其组团也可采用尺度、形式、功能各不相同的空间组合，而这些空间常要通过紧密连接和诸如对称轴线等视觉上的一些规则手段来建立关系。

第四章 环境艺术设计的空间影响因素

不是来源于某个固定的几何概念。因此，空间灵活多变，可随时增加和变化而不影响其特点。①

图 4-68 空间的组团式组合

空间所具有的特别意义，必须通过图形中的尺寸、形式或朝向显示。在对称及有轴线的情况下，可用于加强和统一组团式空间组织的各个局部来加强或表达某一空间或空间组群的重要意义，如图 4-69 和图 4-70 所示。

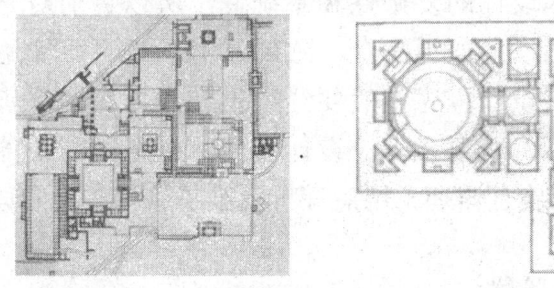

图 4-69 印度莫卧儿大帝的宫殿　　图 4-70 叶尼-卡普里卡温泉浴室

---

① 李蔚青. 环境艺术设计基础 [M]. 北京：科学出版社，2010

第五章　环境艺术设计的一般方法

环境艺术设计是一项复杂和系统的工作。在设计中涉及业主、设计人员、施工单位等方方面面，涉及如建筑、结构、电气、给排水、空调、园艺等各种专业的协调配合，同时，还要得到并通过有关政府职能部门的批准和审查。为了使环境艺术设计的工作顺利进行，必须要对环境艺术设计的任务进行分析，并确立一个很好的程序。

第一节　环境艺术设计的程序

由于环境艺术设计的复杂性和系统性，所以目前对它的设计程序的分解，还没能取得完全一致的意见，也不可能达到绝对一致。环境艺术设计程序一般要经过设计和施工两个步骤，可以分为设计筹备、概要设计、设计发展、施工图与细部详图设计、施工建造与施工监理、用后评价及维护管理几个阶段。

一、设计筹备阶段

（一）沟通业主、接受委托、明确目标

环境设计工作都是从接受工程委托开始的，为了在开展工作过程中有章可循，委托方和设计方都要按照互信、互利、互惠等原则签订委托协议或者委托合同，其中要明确甲方（委托方）和乙方（设计方）的权利和义务，诸如工作范围、工作时间、设计的具体内容、工作程序、现场服务、设计费用以及支付方式等。协议或者合同一旦签订，即具有法定效力，双方必须执行。执行过程中出现变化或争执，双方应本着平等、友好的原则进行协商。无法协商时，可以采取法律程序加以解决。依法委托和接受委托，是为了保障设计工作的有序进行，同时也是为了有效地保护双方的合法权益。

在委托协议签订时，特别要明确设计的目标，对承担设计项目的基本情况要有比较全面的了解，如场地所在位置、场地规划条件、具体设计要求、设计难度以及可能引发的关联问题、要求的工期与设计进度能否衔接等。这需要设计师有丰富的经验和良好的职业感觉，能比较迅速地作出判断，从而提出有针对性的意见和建议，更好地与委托方进行工作的前期沟通。设计师的沟通能力能够加强委托方的信任，为环境项目设计工作的开展奠定良好的基础。

（二）信息搜集

场地调查、资料收集场地调查即现场踏勘，是环境设计具体工作的开始并且是关键的一个步骤，其目的是获得设计场地的整体印象，收集相关资料并予以确定，特别是对场地周边环境整体的把握、尺度关系的建立、风格风貌的构想等，必须通过现场体验才能够获得。实际上，有经验的环境设计师常常发现，一个有特色、符合场地特征的优秀环境设计方案的初步构思往往是在现场形成的。

场地的资源包括物质资源和非物质资源两大部分，也可分为场地内部环境资源和场地外部环境资源两方面。任何一个场地都不是孤立存在的，它与其周边的环境存在着或多或少的、各种各样的关联，要全面地了解资源情况，调查就不能仅局限于场地内部，不能就场地论场地，基本的调查应包括场地内部环境、外部环境中的物质资源和非物质资源调查。

在开始调查前，应该做好必要的准备，对于需要收集的资料事前应该有一份资料清单，其中，详细准确的地形图是最基础的资料，不可缺少。应根据项目的具体情况确定比例，规划的用地范围较大，比如说规模是几十平方公里甚至更大的旅游度假区，一般需要 1/5000 或 1/10000 的地形图，而如果是一个占地不大的城市绿地广场，往往需要 1/500 或 1/1000 的地形图。地形图上一般表示了诸如坐标、等高线、高程、现状道路、河流、建筑物、土地使用情况等信息。适宜的地形图便于我们方便准确地进行场地的调查，在现场调查中，应对那些地形图上未明确或有变化的现场信息进行补充，配合现场照片或录像，以便回到办公室后进行分析。对于大区域的规划，最好能获得航拍或卫星遥感资料，通过 GIS 技术进行辅助调查、设计，将更有利于工作的开展。

在场地调查过程中，有些规划设计的条件以一种"隐性"的状态存在着，比如地下的市政管网设施条件、城市今后发展对场地环境条件的影响、土地利用及设计的条件限制、外部交通及出入口限制、场地所处地段历史文化条件的可利用性及限制要求等，这些条件一般可以在城市规划和建设管理部门获得，有的则需要对场地周边地区进行更详尽的考察和体验。获得的各种资料应当汇编成一个有条理的基础资料档案，并需要保持完整和不断地补充、更新。

场地调查过程并不是一次性的，在以后的规划设计过程中，很可能还要多次地反复回到现场进行补充调查。现场调查要做到尽可能全面，尤其是在不方便多次进入的现场，更应当采用尽可能的方法全面准确地记录下现场的资源情况（图5-1）。

第五章 环境艺术设计的一般方法

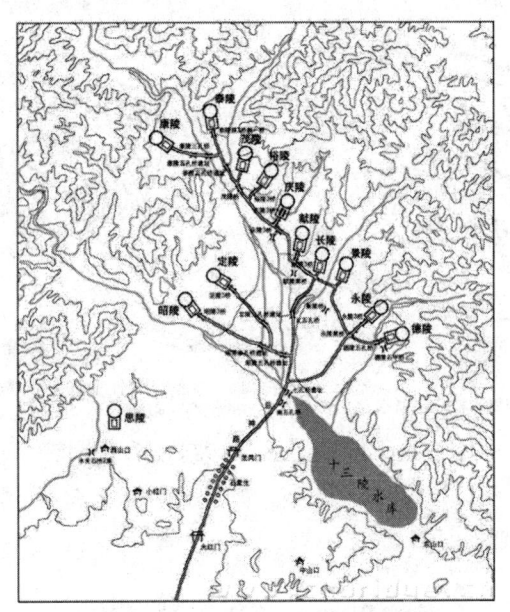

图 5-1　北京明十三陵地形图

（三）基地分析

如果在设计前，没有对基地状况进行深入的了解分析，设计中就会遇到诸多的问题和困难，设计很难取得成功。因此，基地调查与分析是环境艺术设计与施工前的重要工作之一，也是协助设计者解决基地问题的最有效的方法，见图 5-2。

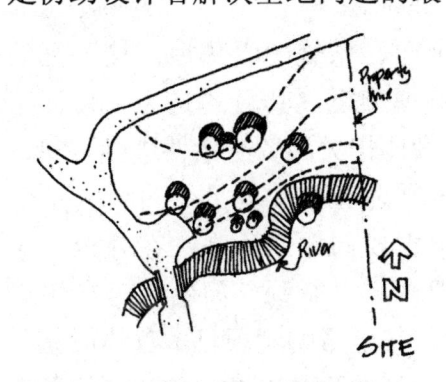

a 分析基地范围内的道路、树木、河流等等的现况。

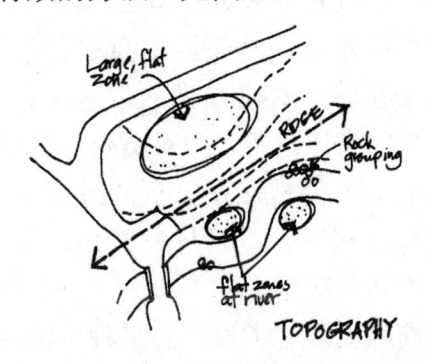

b 整理出坡度的区域范围，以便清楚知道基地可以作为不同用途的限制条件。

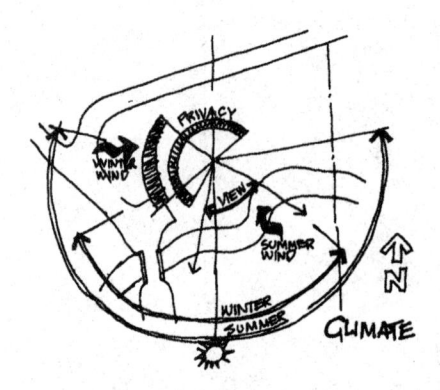

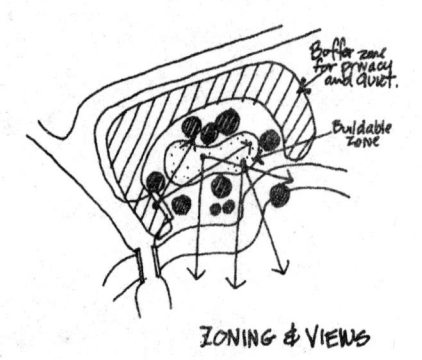

environ境艺术设计的影响因素与表达手段

c 分析在环境中的日照和风向关系等气候条件。

d 分析基地内景观的方向和品质,将基地区分为较私密性和较开放性的不同属性。

图 5-2　a、b、c、d 基地现况分析

(四)设计构想

信息分析、方案构思如前所述,第一次进入设计场地时就会对现场有一个基本的印象,这时,结合设计目标的构想也同时在闪现,过去的经验在一定程度上会有助于快速构思。当然,这些都是结合现场实际的最初步构想,往往是直觉的、模糊的、不完整的,甚至是破碎的、分离的,虽然在以后的设计过程中有可能被彻底修改或者被摒弃,但获得快速的设计印象,迅速进入设计角色,对方案的最终形成是必不可少的环节。这对每一个设计师来说都是必需的一种训练。

在对场地资源信息进行了全面、系统的收集后,接下来的工作就是对已获得的信息进行整理分析,其目的是为了设计工作的有序进行,应对所有与场地设计相关的资源条件进行客观、准确的分析,在分析的过程中不回避存在的问题,对有利条件和不利条件进行逐一梳理,找出主要问题之所在;在分析中对主要的限制条件应该进行重点研究,"瓶颈"问题有时在相当程度上限制了设计的多种可能性,甚至影响到项目本身的成立和发展,但"瓶颈"问题的解决,有可能孕育出具有独特性的景观设计作品。对在分析过程中发现的资料问题,应及时进行补充、更新,包括对场地的新的踏勘调查。分析工作的结果应包括:

第五章　环境艺术设计的一般方法

（1）概述。

（2）目标及实现措施。

（3）项目组成及其相互关系。

（4）项目发展方向性草案。

（5）初步指标。

在方案的构思阶段，创造性的思维与场地的资源相结合十分重要。应该辩证地看待场地的资源条件，应尽可能做到因势利导、因地制宜，充分利用场地内一切可利用的资源。具有这个场地特征的景观才是有别于其他场地的设计，也才具有可识别的特色，成为独一无二的或者是独具特色的设计。随着思考的累积，各种各样的设计灵感可能随时会迸发出来，必须迅速地记录下那些转瞬即逝的思路。这时，快速的表达显得非常重要。快速的表达可以是几条线条，也可以是一个符号、一句话……不管用什么方式，一定要把想到的记录下来，并且在以后看到时能够回忆起来。

各草案都应对场地的系统，包括交通系统、土地工程系统、市政管网系统、种植绿化系统、标志导引系统等提出明确的设计意图。草图要保持简明和图解性，简洁、清晰，以线条、图形、符号、文字、色彩等方式，尽可能直接阐明与特定场地的特殊性相关的构思。在全面思考并处理各系统之间关系的基础上，使整个场地系统成为功能协调的整体系统，满足项目的发展需要，并与场地外部的城市系统或外部大系统之间有效衔接。

在大型项目或复杂项目里，建筑师经常作为紧密协作的专业设计队伍中的一员，这个工作队伍中有规划师、建筑师、工程师、艺术家、策划师及其他专业人员。建筑师应当密切、主动地与其他专业人士进行沟通，有机整合各种资源和优秀创意、构思，协调各方面的关系，运用全面的景观知识和能力，以更高的视角、更全面的思维进行方案设计。在方案设计过程中，还应当与委托方（甲方），以及今后的管理公司进行沟通、协商，使可能在设计与实施、运行、管理中出现的许多问题在设计前期就可以及时规避,这样更有利于方案的有效推进。

不同的设计构思会有不同的方案,每个方案都有各自的优点和不足,要将各个方案集中起来进行对比,在比较中进行优化,好的予以保留,不足的进行改进或放弃。设计在比较的过程中不断地向深度发展,开始可能提出多个建议,比较后成为两个或者三个方案,最终形成一个设计方案。最终的设计方案并不是把所有方案的优点集中起来进行简单拼接,而是有选择地取用与最终设计构思能够有机结合的优点加以适应性地改进。

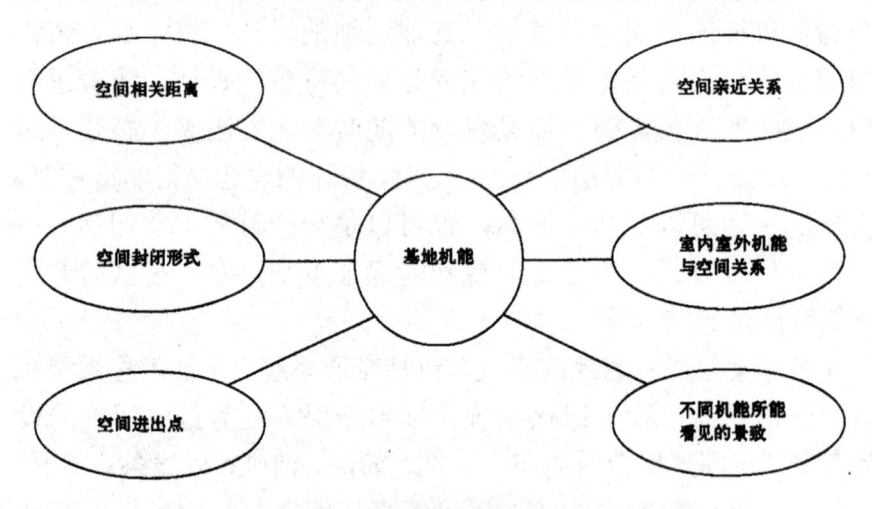

图5-3 理想机能图解基地机能与空间关系

二、概要设计阶段

设计筹备阶段之后,设计者正式进入设计创作的过程,概要设计的任务是解决那些全局性的问题。设计者应结合机能和美学要素(有时还包括历史、哲理等要素),确定平面布局。

设计方案确定后,详尽地实施设计,即施工图阶段就将展开。之前的工作,更多的是对外部空间景观进行规划,在此过程中,尽管工作的重心更多地投入在平面功能和系统的建立、完善上,但对于规划后的外部空间的设计想象和构思也在同步进行。其实,尽管环境设计的工作划分为方案设计和施工图设计两个阶

第五章　环境艺术设计的一般方法

段，但是，平面系统的组织与空间形象的设计始终是同步进行着的，只是在不同阶段各有侧重而已。

例如，路易斯·康（Louis Kahn）在美国加州沙克研究所设计过程中所做的概要设计要全面表达设计中各要素的机能关系和美感要素（比例、尺度、韵律等），见图5-4a、图5-4b、图5-4c。

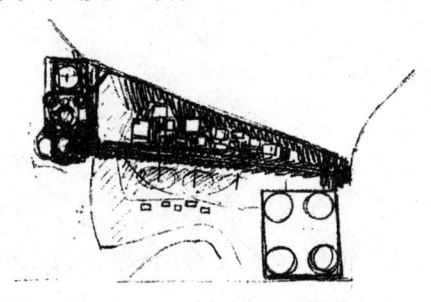

图5-4a　沙克研究所总平面图（路易斯·康）

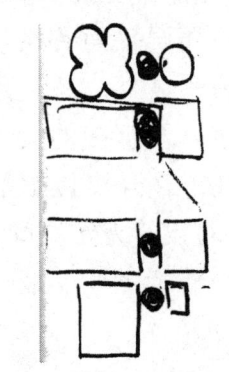

图5-4b　沙克研究所

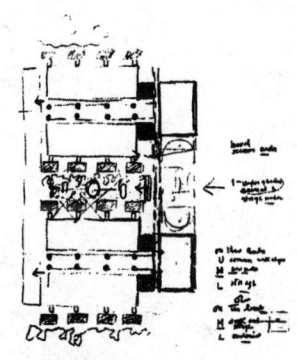

图5-4c　沙克研究所进一步的概要平面图

沙克研究所的"概要平面图",勾勒出两组主要的建筑体量。建筑物之间的关系,以及建筑物与户外空间的关系,已经有了基本的架构之后,下一层次的概要平面图就会更为具体。

概要设计成果经过设计者的反复改进,一般要征得业主的意见与相关部门的认可,然后转入下一个环节——设计发展。

三、设计发展阶段

经历概要设计阶段之后,设计方案已大致确定了各种设计观念以及功能、形式、含义上的表现。对于概要设计中出现的遗漏,还需要进行弥补和调整,这个弥补和调整的阶段就是设计发展阶段。

瑞士马里澳·博塔(Mario Botta)为法国香柏瑞市设计的文化中心,除了将建筑物地面层平面关系放置在基地之上,来确定户内外和整体环境的关系之外,还利用强调屋顶形式和阴影的总平面图来表现高度感以及植栽的设计效果。平面图上除了确定所有空间,动线、柱子、开窗位置等以外,甚至交代了空间内小体量家具的摆设,对设计方案空间的关系进一步阐释(图5-5a、图5-5b)。①

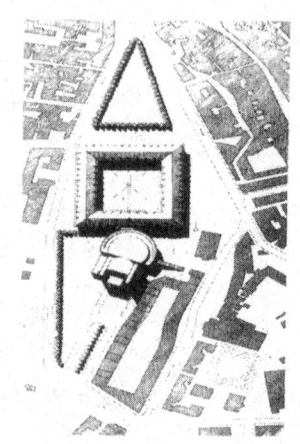

图 5-5a 香柏瑞文化中心　　图 5-5b 香柏瑞文化中心总平面图

---

① 刘育东.建筑的涵意[M].天津:天津大学出版社,1999

要表达三维的环境空间，除了平面上二度空间的各种图外，详尽的轴测图、效果图与模型能更好地表现环境中的体量、位置关系，更真实地反映材质和色彩。德国柏林普伦茨劳尔－贝尔格区的海尔姆霍尔茨广场，制作精密的模型能直观地反映材质和颜色，反映空间与造型关系（图5-6）。

图5-6 柏林普伦茨劳尔－贝尔格区的海尔姆霍尔茨广场

四、施工图与细部详图设计阶段

实施设计阶段是环境细化的阶段。细部详图设计是在具体施工做法上解决设计细部与整体比例、尺度、风格上的关系，如建筑物的细部、景观设施及植栽设计大样等。环境艺术设计，本身就是环境的深化、细化设计。作品往往因细部设计而精彩，也常因注重人情味的细部设计而具有亲和力。

施工图与细部详图设计的着眼点不仅应体现设计方案的整体意图，还要考虑方便施工、节省投资，使用最简单高效的施工方法、较短的施工时间、最少的投资来取得最好的建造效果。因此，设计者必须熟悉各种材料的性能与价格、施工方法以及各种成品的型号、规格、尺寸、安装要求等。施工图与细部详图必须做到明晰、周密、无误。

在这个阶段，所有设计的环境内容都必须详细绘制，并明确它们施工要求的方式、构造、材料、质地、色彩及其他特殊要求，采用绘制、标注、列表、文字说明等方法予以表示，用以指导后期的施工。施工图基本包括以下几个方面：

（1）水（环境用水和游戏用水）。

（2）电（强电和弱电）。

（3）土方工程（施工高程、挖填方范围及工程量、土木工程保护等）。

（4）绿化种植（乔、灌、藤、草）。

（5）硬质景观（步道、台阶、地面铺装等）。

（6）环境建筑物、构筑物（亭、廊、桥等）。

（7）标志小品（路标、告示栏、休息坐凳等）。

（8）其他特殊的景观设施内容的施工图。

各施工分图应在环境设计施工总图中标明图号，以便对照查看。

五、施工建造与施工监理阶段

业主拿到施工图纸后，一般要进行施工招标，确定施工单位。之后，设计人员要向施工单位施工交底，解答施工技术人员的疑难问题。在施工过程中，设计师要同甲方一起订货选样，挑选材料，选定厂家，完善设计图纸中未交代的部分，处理好与各专业之间产生的矛盾。设计图纸中肯定会存在与实际施工情况或多或少不相符的地方，而且施工中还可能遇到我们在设计中没有预料到的问题，设计师必须要根据实际情况对原设计做必要的、局部的修改或补充。同时，设计师要定期到施工现场检查施工质量，以保证施工的质量和最后的整体效果，直至工程验收，交付甲方使用。

与建筑工程施工的工业化、标准化和规范化相比，我国景观行业的规范建设相对滞后，目前还没有形成与之相关的行业规范、技术标准；同时，景观的行业特点也在于多样性和独创性，因此，在景观建设实施过程中，为了保证设计目标的实现，施工过程中必须在现场结合场地条件、材料条件以及施工条件等进行现场的二次设计，适时调整施工方案。相对于建筑设计，现场设计在景观设计领域表现得更加突出，具有一定的特殊性。

六、用后评价与维护管理阶段

项目完成前，设计师会给业主提供一份详细的说明书，除了对设计本身的说明外，还应当对今后环境及设施在运行使用、管理维护中的要点进行指导，提出建议。在项目建设完成投入使用后，不定期地进行项目回访、使用后评估。提供这样的服务，一方面可以对发现的问题及时总结、改进，在对项目负责的同时，自身的专业能力也能得到较快的提升；另一方面，可以建立良好的职业形象，获得客户的口碑和市场的认可。

项目建造完成并投入使用后，使用者也可以以图文形式较明确地反映给设计师或设计团体，以便于他们向业主提出调整反馈或者改善性建议（如通过植栽或墙体壁画、壁饰等方法加以调整完善）。这也有利于设计师在日后从事类似的设计时，能进行改进。"用后评价"的进行必须得到使用单位的积极配合，通过调查和统计分析，得到具体的较为合理的信息资料。

建设项目经过精心设计，严格施工，得以建造，并交付使用，同时使用后的维护管理工作必须时刻进行。比如，一处美丽的办公环境或庭园常常是经过一段时间的维护管理，办公空间整洁明亮、空气清新，盆栽郁郁葱葱；庭园树木繁荣，花草向荣，流水潺潺；水池石头上布满青苔，鱼儿游戏于其间，其强烈的生活气息及美感韵味方才显现。

一般的建筑场所、私家庭园，主要由业主自行维护管理，而一些社区公园、广场、公园、街道、公共室内空间等不仅要由管理单位来维护，更重要的是公众要讲公德，才能增强维护管理的成效。设计者在设计阶段应充分考虑、完善各项设施的设计与施工做法，尽力消除隐患，给以后的维护管理工作带来最大程度的方便，减少工作难度。

第二节　环境艺术设计的任务分析

环境艺术设计须经过一系列艰苦的脑力分析和创作思考阶段。在此过程中，需要对每一因素都给予充分的考虑，而任务分析则是进行设计的初始步骤，也是十分重要的设计程序之一。这一步骤包括对项目设计的要求和环境条件的分析，对相关设计资料的搜集与调研等，这些都是有效完成设计工作的重要前提。

一、对设计要求进行分析

对设计要求的分析主要从两个方面展开：一是针对项目使用者、开发者的信息进行分析；二是对设计任务书的分析。不同的项目任务书详尽程度差别很大，如果不了解并分析项目书中使用者及开发者的信息，或没有现场勘查调研，一切设计就只能在设计人员自"说"自"画"中实现。设计师对环境功能的分析越清晰，就越能对环境进行细致深入的设计。因此，做好设计要求分析是创造出宜人空间的第一步，应从以下两个方面着重考虑。

（一）分析设计对象信息

1. 使用者的功能需求

分析使用人群功能需求的重点是对该人群进行合理定位，了解设计项目中使用人群的行为特点、活动方式以及对空间的功能需求，并由此决定环境设计中应具备哪些空间功能，以及这些空间功能在设计方面的具体要求。在此，这里以两个不同类型的校园空间设计为例进行说明：

（1）中小学校园环境——主要服务人群为中小学生及教师。

第五章　环境艺术设计的一般方法

这些人群需要的功能空间包括道路、绿地以及供学生运动、游戏、种植、饲养、劳动所需的各类场地。如果是盲人学校，在满足以上功能的同时还须在各种空间中加入无障碍设施。

（2）大学校园——相对于中小学而言规模较大，一些综合类大学还能独立成为一个大学城。校园一般包括教学区、文体区、学生生活区、教职生活区、科研区、生产后勤区等部分，具有与中小学校园环境截然不同的功能。

由此可见，一个设计如果不能做到对其功能科学地分析并按需设置，甚至连基本功能都不能满足，或强行加入不需要的功能，即使它的设计再美观，也绝对称不上是一个成功的设计。从以上两种不同校园的环境分析中，我们可以看出，对使用人群功能需求的分析十分重要，这些分析都是在设计落笔前要思考清楚的问题。

2. 使用者的经济、文化特征

经济与文化层面的分析是指一个空间未来所服务人群的消费水平、文化水平、社会地位、心理特征等。之所以对这一层面进行深入细致的分析，是因为环境艺术设计不仅要满足人们的物质需求，还应创造出满足人们精神享受的空间环境。例如，一个高端的五星级商务酒店，在这里活动的客人大多是拥有一定工作经验、拥有相对较高的职位、较好的经济基础、较高的学历和文化修养的人。因此，在设计此类酒店环境时就需要精心打造高品质、高品位、高标准、高服务的星级酒店水准。无论是材料的运用、色彩的搭配、灯光的调和、界面的处理都要适应这类人群的心理需求；而一个时尚驿站式酒店，它的消费人群主要是都市中的年轻人士，他们时尚、前卫、风风火火、有朝气，为这类人群设计酒店环境应当充分考虑住宿的舒适、便捷，注重设计元素的时尚感和潮流性，突出个性和创新。与五星级酒店强调豪华、气派不同，时尚驿站式酒店不一定要使用昂贵的材料与陈设，因为使用人群很少会去关注墙面或脚下大理石的价值，他们更感兴趣的是酒店所渲染的时尚氛围和生活方式。

3. 使用者的审美取向

除了对使用者的功能需求、经济、文化特征进行充分的分析研究外，对使用人群的总体审美取向有一个整体上的把握也十分重要。"审美"是一种主观的心理活动过程，是人们根据自身对某事物的要求所作出的看法，它受所处的时代背景、生活环境、教育程度、个人修养等诸多因素的影响。审美取向的分析主要以视觉感受为主体，包含空间的分割、界面的装饰造型、灯具的造型、光环境、室内家具的造型，色彩及材质、室内陈设的风格，色调等方面。分析使用人群的审美取向就是要满足目标客户人群的审美需要。例如，艺术家个性"张扬"、官员眼中的"得体"、商人追求的"阔气"、时尚人崇尚的"奢华"、西方人眼中的"海派弄堂"等，这些都是他们眼中的美。满足不同人群对美的理解不是设计师茫无目的地迎合，而是在了解、研究人群需求后做出的符合他们审美要求的设计决策。因此，在前期调研分析中慎重、准确、有效地判断使用人群的审美取向对于整个设计是否能够得到认可有着重要的意义和作用。

4. 与开发商有效沟通

环境艺术设计师在设计工作中的沟通是很重要的。在沟通与交流的过程中，客户可能通过表情、神态、声音、肢体语言、文字、语速等诸多方面，传达出自己的思想、表现出自己对事物的好恶。这样设计师就有机会充分感受或觉察到对方的主观态度、关注的重点、做事的目的、处事的方式等，而这些对后续的设计工作来说均是宝贵而有效信息。

环境艺术设计在具备多学科交叉的特征之余，还带有十分强烈的商业性。诸如展示设计、店面设计、餐厅设计、酒店设计等这些细分的环境设计更经常性地被称作"商业美术"（图5-7）。其商业性表现在两个方面：对于设计者而言，这种商业性就是获取项目的设计权，用知识和智慧获取利润；而对于开发商而言，则是通过环境设计达到他们的商业目的——打造一个适合于项目市场定位和满足目标客户需求的环境空间，使客户置身其间，能体验到物质、精神方面的双重满足感，心甘情愿为这样的环境"埋单"，并使商家从中获得商业上的赢利。因此，与开发商的良好沟通，有利于设计者充分了解项目的真实需求，准确定位开发商的意图，以及客户心中对项目未来环境的假想，才能创造出符合市场需求，并能为项目商业目的服务的环境艺术作品。

图 5-7　商业门面设计

5. 分析开发商的需求和品位

经过与客户有效沟通后，项目设计者后续的任务就是对在沟通中获得的相关资料进行认真的、理性的分析，包括以下两个方面。

（1）分析开发商的需求

对开发商的需求分析主要包括两个方面：其一，通过沟通，分析出开发商对该项目的商业定位、市场方向、投资计划、经营周期、利润预期等商业运作方面的需求。例如，同样是餐饮业，豪华酒店、精致快餐、异国风味、时尚小店、大众饭店等均是餐饮业的表现形式，但一旦投资者确定了一种定位和经营方式，那么无论从管理模式、商品价位、进货渠道、环境设计等任何一个方面都须符合其定位。在此时，设计师需要更多地从商业角度去分析并体会投资者的这种需求，从而制定出的设计策略，考虑在设计中将如何运用与之相适应的餐饮环境的设计语言，最终创造出一个完全符合投资者合理定位下的室内外环境；其二，通过沟通，分析投资者对项目环境设计的整体思路和对室内外环境设计的预想。此时，设计师将以"专家"的身份提出可行性的设计方案，需要兼顾项目的商业定位和室内外环境设计的合理性及艺术性原则，还需要考虑到投资对项目环境的期望，包括对项目设计风格、设计材料、设计造价的需求。

（2）分析开发商的品位

"品位"一词已成为当今潮流中被提及最多的词汇之一。无论是时尚界、地产界、餐饮界、服装界、汽车界、食品界，每个行业都在以"品位"为噱头，标榜"品位"。其实，品位如果抛去时尚的外衣，其实质应当是一个人内在气质、道德修养的外在体现。

对开发商品位的分析并不是要片面地对投资者"本人"进行调查、分析，而是希望通过沟通，感受到投资者乃至整个团队的品位，从而判断出投资方在环境艺术设计项目上的欣赏水平。这种判断和分析对于设计师而言不是最终目的，目的是要在了解开发商品位的前提下，分析业主对该项目环境的个人主观意愿及期望。但同时，设计者有义务在投资者主观意识偏离项目整体定位的情况下，建议开发商适当地调整自己的思路，让设计团队以专业的设计技术来达到更高的环境艺术设计标准。

在此需要指出的是，作为一名专业环境艺术设计师，要具有专业精神和职业素质。在考虑投资者的要求，满足他们对项目环境设计期望的同时，应该以积极的态度去对待环境艺术设计，要科学而客观地分析设计可能达到的效果和实施的可行性。当遇到投资者的意愿阻碍到设计效果实现的时候，作为设计师有义务在充分尊重投资者的前提下，以适当的方式提出建设性的意见，并说服业主。

第五章　环境艺术设计的一般方法

（二）分析设计任务书

在设计任务书中，功能方面的要求是设计的指导性文件，一般包括文字叙述和图纸两部分内容。根据设计项目的不同，设计任务书的详尽程度差别较大，但无论是室内还是室外的环境艺术设计，任务书提出的要求都会包括功能关系和形式特点两方面的内容。

1. 功能需求

功能需求包括功能的组成、设施要求、空间尺度、环境要求等部分。在设计工作中，除遵循设计任务书要求的同时，还一定要结合使用者的功能需求综合进行分析；另外，这些要求也不是固定不变的，它会受社会各方面因素的影响而产生变动。例如，在室内设计中，当按以往的标准设计主卧时，开间至少达到3.9米，方能在满足内部设施要求的同时兼顾舒适度；但伴随着科技的发展，壁挂式电视走入千家万户，电视柜已无用武之地，其以往所占的空间就得以释放，此时3.6米开间的设计能足以达到舒适度的标准，而节约下来的不仅仅是0.3米的空间。

2. 类型风格

不同类型或风格的环境设计有着不同的性格特点。例如，纪念性广场，需让人感受到它的庄严、高大、凝重，为瞻仰活动提供良好的环境氛围。而当人们在节假日到商业街休闲购物时，这里的街道环境气氛就应是活泼、开朗的，并能使人们在这里放松一下因工作而紧绷的神经，获得轻松、愉悦的感受。这时环境设计可以考虑自由、舒畅的布局，强烈、明快的色彩，醒目、夸张的造型，使置身其中的购物者深受感染。因此，对环境进行艺术设计时应始终围绕其性格特征进行设计。

二、对环境条件进行分析

环境艺术项目设计之初，需要对室内外环境进行诸多的实地分析和调研。这种设计分析包括对项目所在地的自然环境、人文环境、经济与资源环境以及周边环境的分析。通过分析将有助于设计更加人性化。

（一）分析室内设计条件

大多数情况下，室内环境设计会受到楼层、朝向、噪声、污染等各种条件的制约。这些制约条件都会影响室内环境设计的思路和处理手法。此外，室内环境设计还受到建筑条件的影响，设计师必须对建筑原始图纸进行分析，其内容包括以下几个方面。

1. 对建筑功能布局的分析

建筑设计尽管在功能设计上做了大量的研究工作，确定了功能布局方式，但仍难免会出现不妥之处。设计师要从生活细节出发，通过建筑图进一步分析建筑功能布局是否合理，以便在后续的设计中改进和完善。这也是对建筑设计的反作用，是一种互动的设计过程。

2. 对室内空间特征的分析

分析室内空间是围合还是流通，是封闭还是通透，是舒展还是压抑，是开阔还是狭小等室内空间的特征。

3. 对建筑结构形式的分析

室内环境设计是基于建筑设计基础上的二次设计。在实际的设计工作中，有时由于业主对使用功能的特殊要求，需要变更土建形成的原始格局和对建筑的结构体系进行变动。此时，需要设计师对需调整部分进行分析，在不影响建筑结构安全的前提下做出适当调整。因此，可以说这是为了保证安全必须进行的分析工作。

4. 对交通体系设置特点的分析

室内交通体系主要包括走廊、楼梯、电梯等，要对这些联系空间进行布局，研究它们怎样将室内空间分隔，又怎样使流

第五章 环境艺术设计的一般方法

线联系起来的。

5. 对后勤用房、设备、管线的分析

分析能力也是衡量设计师业务素质的重要评价标准之一。需要指出的是,有时由于实际施工情况和建筑图纸资料之间存在误差,或者是由于建筑图纸资料缺失,那么这就需要设计师到实地调研,对建筑条件进行深入的现状分析。

(二)分析室外设计条件

调查是手段,基地条件分析在整个设计过程中占有很重要的地位,深入细致地进行基地分析有助于用地的规划和各项内容的进一步详细设计,并且在分析过程中还会产生一些很有价值的设想。

1. 自然因素

每一个具体的环境艺术设计项目都有其特定的所在地,而每一个地方都有其特有的自然环境。自然环境的不同往往赋予环境设计独特的个性特点:在一个设计开始进行时,需要对项目所在场地受所处的更大区域范围进行自然因素的分析。例如,当地的气候特点,包括日照、气温、主导风向、降水情况等,基地的地形(坡级分析、排水类型分析)、坡度、原有植被、周边是否有山、水自然地貌特征等,这些自然因素都会对设计产生有利或不利的影响,也都有可能成为设计灵感的来源(图5-8)。

图 5-8 融自然于景观中的环境设计

2. 人文因素

每一座城市都有属于自己的历史、文化印记。辉煌的古代帝王都城、宜人的江南水乡、曾经的殖民租借口岸、年轻的外来移民城市……不同城市有它独特的演变和发展轨迹，孕育出了不同的地域文化，形成了不同的民风民俗。所以，在设计具体方案之前，有必要对项目所在地的历史、文化、民间艺术等人文因素进行全面调查和深入分析，并从其中提炼出对设计有用的元素。

以上海"新天地"为例，该商业街是以上海近代建筑的标志之一——石库门居住区为基础改造而成的集餐饮、购物、娱乐等功能于一身的国际化休闲、文化、娱乐中心。石库门建筑是中西合璧的产物，更是上海历史文化的浓缩反映。新天地的设计理念正是从保护和延续城市文脉的角度出发，大胆改变石库门建筑的居住功能，赋予它新的商业经营价值，把百年的石库门旧城区，改造成一片充满生命力的新天地（图5-9、图5-10）。而这一理念正好迎合了现代都市人群对城市历史的追溯和对时尚生活的推崇，也很好地体现了海派文化独特的韵味。

图5-9 上海"新天地"改造前

第五章　环境艺术设计的一般方法

图 5-10　上海"新天地"改造后

3. 经济、资源因素

对项目周边经济、资源因素的分析包括经济增长的情况、经济增长模式、商业发展方向、总体收入水平、商业消费能力、资源的种类、特点以及相关基础设施建设的情况等，这些因素对项目定位、规划布局、配套设施的建设都有一定的影响。

4. 建成环境因素

对景观设计项目而言，建成环境因素是指项目周边的道路、交通情况、公共设施的类型和分布状况、基地内和周边建筑物的性质、体量、层数、造型风格等，还有基地周边的人文景观等。设计者可以通过现场踏勘、数据采集、文献调研等手段获得上述相关信息，然后进行归类总结。这是在着手方案设计之前必须进行的工作。

对室内环境设计项目而言，建成环境的分析主要是指对原建筑物现状条件的分析，包括建筑物的面积、结构类型、层高、空间划分的方式、门窗楼梯及出入口的位置、设备管道的分布等。对原环境的分析越深入，在以后的设计中才越能做到心中有数，少走弯路，提高方案的可实施性。

三、对资料进行搜集和调研

（一）收集现场资料

尽管借助现代地理信息系统技术，尽管人们坐在办公室里就能从不同层面认识和分析远在千里之外的场地特征，尽管凭借建筑图纸，就也可以建立起室内空间的框架和基本形态，但设计师对场地的体验和对其氛围的感悟是任何现代技术都无法取代的。这就要求设计者必须进行实地的观察，亲身体验场地的每一个细节，用眼去观察，用耳去聆听，用心去体会，在实地环境中寻找有价值的信息。在场地中能听到的、嗅到的，以及感受到的一切都是场地的一部分，都有可能对项目产生影响，也都有可能成为设计的切入点甚至是亮点。因此，只有通过实地的勘察，才能获得最为宝贵的第一手资料，真正认识场地的独特品质，把握场地与周围区域的关系，从而获得对场地的全面理解，为日后的设计打下基础。体验场地的过程可以用拍照、速写、文字的形式记录重要信息或现场的体会。在条件允许的情况下，还可以在项目过程中进行多次现场体验，作为不断修正方案的依据。

1. 场地调查

室内调查内容包括：量房、统计场地内所有建筑构建的确切尺寸及现有功能布局，查看房间朝向、景象、风向、日照、外界噪声源、污染源等。

室外基地现状包括收集与基地有关的技术资料进行实地踏勘、测量两部分工作。

2. 实例调研

资料的查询和搜集是获取和积累知识的有效途径，而实例调研能够得到设计实际效果的体验。在实地参观同类型项目的室内外环境设计时，通过对一些已建成项目的分析，从中汲取"养

第五章　环境艺术设计的一般方法

料"，吸取教训，会对于设计师在做设计时产生有益的参考价值。

首先，实例的许多设计手法和解决设计问题的思路在亲临实地调研时有可能引发创作灵感，在实际设计项目中可以借鉴发挥；其次，经过调研后，在把握空间尺度等许多设计要点上可以做到心中有数；另外，实例中的很多方面，比如材料使用、构造设计等远比教科书来得生动，更直观容易明白。

在实地调研之前应该做好前期准备工作，尽可能收集到这些项目的背景资料、图纸、相关文献等，初步了解这些项目的特点和成功所在，在此基础上进行实地考察才能真正有所收获，而非走马观花、流于形式。总之，在实例调研时，要善于观察、细心琢磨、勤于记录，这也是设计师应该具备的专业素养。

（二）收集图片、文字资料

环境艺术设计是综合运用多学科知识的创作过程。环境设计师需要了解并掌握相关规范制度，运用外围知识来启迪创作思路，解决设计中的实际问题。这既是避免走弯路、走回头路的有效方法，也是认识熟悉各类型环境的最佳捷径。因此，对于还处于设计学习阶段的学生而言，由于本身的学识、眼界还比较有限，特别需要借助查询资料来拓宽自己的知识面。相关资料的收集包括以下几个部分：

1. 设计法规和相关设计规范性资料

查阅与该设计项目有关的设计规范，要铭记在心，以防在设计中出现违规现象。

2. 项目所在地的文化特征

收集文化特征图片、记录地区历史、人文的文字或图片，查阅地方志、人物志等。一是可以启发灵感，二是在设计中运用特定设计要素时（包括符号、材料等）与文脉有一定联系。当然，不是所有的设计内容都要表达高层次的文化性，但有时也是很有必要表达个性的，这就需要设计师注重平时的积累。

3. 优秀设计的资料

在前期准备阶段搜集优秀设计项目的图片、文字等资料可以为设计工作提供创作灵感。在现代的网络时代中，通过网络和书籍搜寻到全国各地、世界各地的相关类型的设计资料，可以节省逐一现场参观的时间，也可以领略到各国、各地的设计特色，作为对即将操作项目的启发之用。

资料的搜集可以帮助拓宽眼界，启迪思路，借鉴手法。但是一定要避免先入为主，否则，使自己的设计走上拼凑，甚至抄袭他人成果的错误做法，最终丧失的是自己积极创作的精神。

第六章　环境艺术设计的表达技法

想把环境艺术设计创意的奇思妙想要转化为现实,就必须把它表达出来。环境艺术设计方案的表达是设计沟通与交流的桥梁,是设计的重要环节。设计表现既是向他人展示设计成果的手段,也是设计者完善和共享设计思想的主要方法。本章将针对环境艺术设计的表达技法展开论述。

第一节　环境艺术设计的工程制图

环境艺术设计工程制图是表达环境建筑工程设计的技术图样,是施工的依据。为了使环境建筑工程图表达统一,利于技术交流识读,对于图样的画法必须按《房屋建筑制图统一标准》的国家制图标准来绘制。

一、制图基础知识

（一）图纸的幅面格式

国家规范图纸的幅面、图框格式（表6-1、图6-1、图6-2、图6-3）。若图幅需增加幅面,A0、A2、A4幅面的加长量按A0幅面长边1/8的倍数增加;A1、A3幅面的加长量按A0短边的1/4倍数增加。

环境艺术设计的影响因素与表达手段

表 6-1 图纸幅面及图框尺寸

尺寸代号	幅面代号				
	A0	A1	A2	A3	A4
b*1	841*1189	594*841	420*594	297*420	210*297
c	10			5	
a	25				

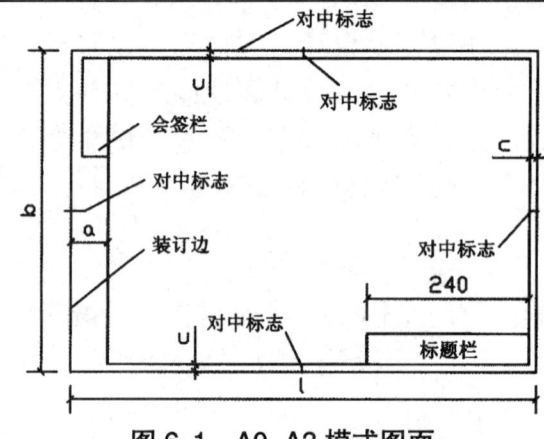

图 6-1 A0~A3 模式图面

图 6-2 A0~A3 方式图面   图 6-3 A4 立式图面

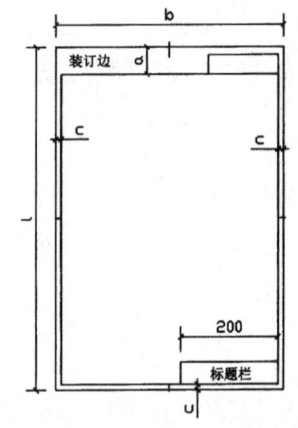

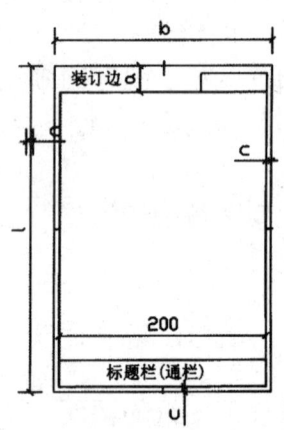

　　标题栏、会签栏格式，如图 6-4、图 6-5 所示。标题栏的位置设在图纸右下角，主要用于说明工程名称、设计者或单位名称、图号、图名、比例、日期等内容，便于管理查询。会签栏填写工程设计涉及会签者所属专项。

第六章 环境艺术设计的表达技法

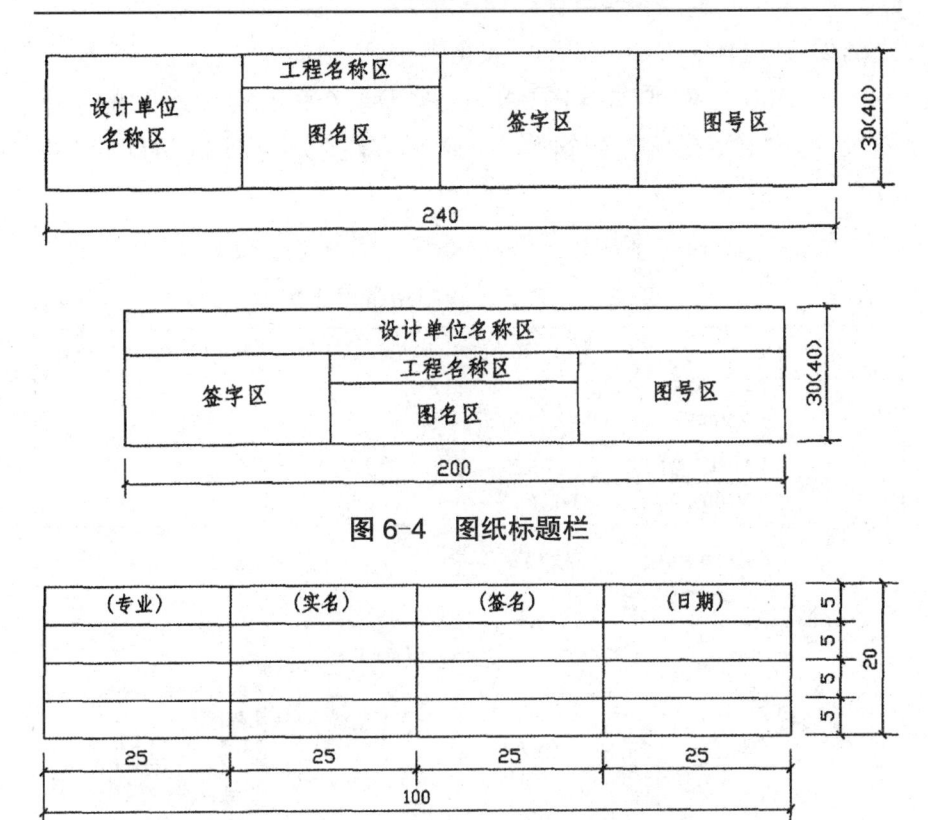

图6-4 图纸标题栏

图6-5 会签栏

（二）比例

比例是指环境建筑工程制图中图样与实物相对应的线性尺寸之比。根据专业制图需要，工程制图需选用不同的放大或缩小比例，如对于环境建筑工程，通常要把实物缩小绘制在图纸上；而对于一个很小的装饰构件，又往往要将其放大绘制在图纸上。比例应由阿拉伯数字来表示。比值为1的比例称原值比例，即1：1；比值大于1的比例称放大比例，如1：2、1：10、1：100、1：500等。

比例尺上刻度所注的长度，代表了要度量的实物长度，如1：100比例尺上1厘米的长度，代表了实物1米的长度。1：100图形的比例关系表示绘制的图形尺寸是实物的百分之一，其他

· 205 ·

比例如 1 : 10、1 : 50 等，依此类推。

1 : 100 比例的建筑图中，1 平方厘米表示实际房间的 1 平方米；1 : 50 比例的建筑图中，2 平方厘米表示实际房间的 1 平方米。

建筑工程制图常用比例（表 6-2、图 6-6、图 6-7）。

表 6-2　建筑工程制图常用比例

常用比例	1 : 1, 1 : 2, 1 : 5, 1 : 10, 1 : 20, 1 : 50, 1 : 100, 1 : 150, 1 : 200, 1 : 500, 1 : 1000, 1 : 2000, 1 : 5000, 1 : 10000, 1 : 20000, 1 : 50000, 1 : 100000, 1 : 200000
可用比例	1 : 3, 1 : 4, 1 : 6, 1 : 15, 1 : 25, 1 : 30, 1 : 40, 1 : 60, 1 : 80, 1 : 250, 1 : 300, 1 : 400, 1 : 600

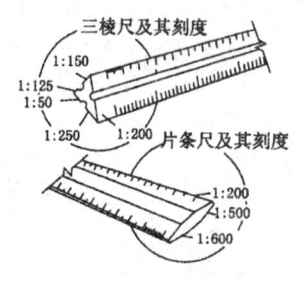

图 6-6　常用刻度尺及其刻度

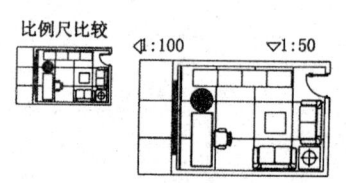

图 6-7　比例尺比较

（三）制图工具

常用的环境建筑工程制图工具有图板、图纸、一套铅笔、一套尺具（丁字尺、三角板、曲线尺、比例尺、绘图模板）、一套绘图针管笔、一套绘图仪等辅助工具（图 6-8）。

图 6-8　制图的辅助工具

（四）正投影与三视图

1. 正投影原理

投影方向垂直于投影面的投影方法称为正投影。在环境建筑工程制图中所绘制的图样均采用正投影方法获得（图6-9）。

（1）直线平行于投影面，它的投影反映实长；平面平行于投影面，它的投影反映实形。

（2）直线垂直于投影面，它的投影成为一个点；平面垂直于投影面，它的投影成为一条直线。这称为正投影的积聚性。

（3）平面如不平行，也不垂直于投影面，它的投影是一个类似形。

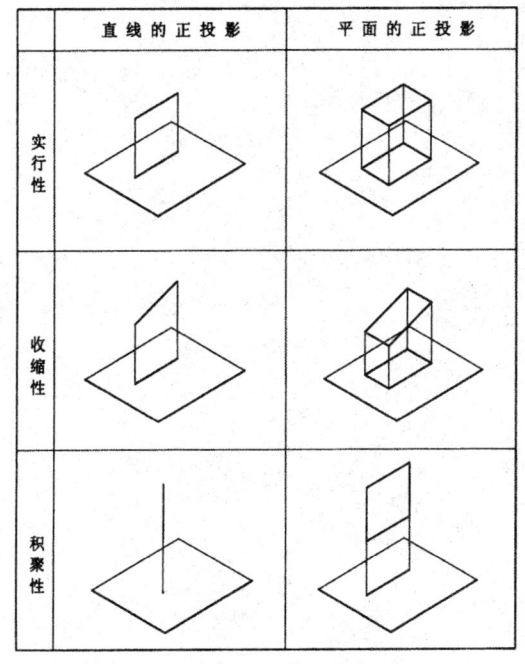

图6-9 正投影

2. 三视图

环境物体都是由长、宽、高三个方向构成的一个立体空间，称为三度空间体系。要在设计中全面、真实、准确、完整地表明它，就必须利用正投影制图的原理，绘制出物体三个方向的正投影，称为三视图。

(1) 三视图的特性 (图 6-10a、图 6-10b、图 6-10c)。

第一，同一物体的三个投影图之间具有"三等"关系，即正立投影与侧投影等高；正立投影与水平投影等长；水平投影与侧投影等宽。

第二，在三个投影图中，每个投影图都反映物体两个方向的关系，即正立投影图反映物体的左、右和上、下的关系，不反映前、后关系；水平投影图反映物体的前、后和左、右的关系，不反映上、下关系；侧投影图反映物体的上、下和前、后的关系，不反映左、右关系。

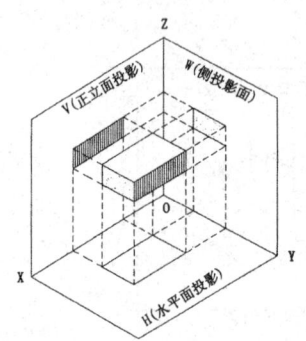

图 6-10a 三视图 (一)　　图 6-10b 三视图 (二)

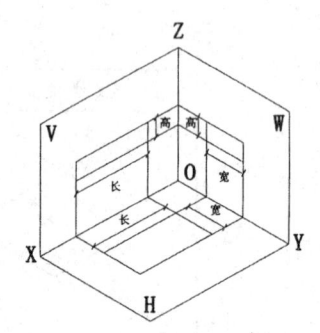

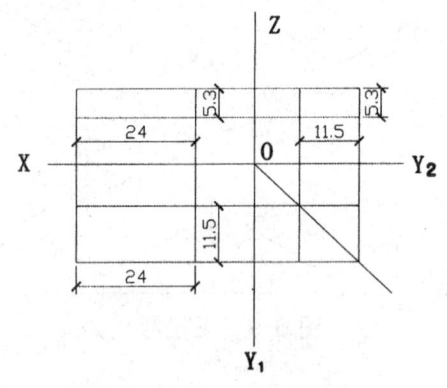

图 6-10c 三视图 (三)

(2) 三视图的画法布置：以沙发为例 (图 6-11a、图 6-11b)

第一，先画出水平和垂直十字相交线，表示投影轴。

第二，根据"三等"关系，正立投影图和水平投影图的各个相应部分用铅垂线对正（等长）；正立投影图和侧投影图的各个相应部分用水平线拉齐（等高）。

第三，水平投影图和侧投影图具有等宽的关系。作图时先从O点作一条向下斜的45°线，然后在水平投影图上向右引水平线，交到45°线后再向上引铅垂线，把水平投影图中的宽度反映到侧投影图中去。

第四，在熟练掌握三视图的画法后，在实际工程设计图中，一般不画出投影轴，各投影图的位置也可以灵活安排。

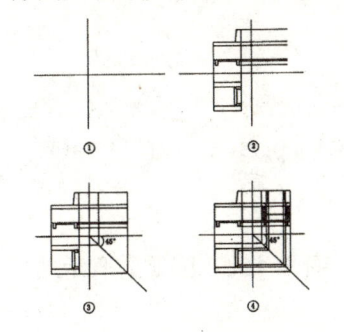

图6-11a 三视图的画法（一）　　图6-11b 三视图的画法（二）

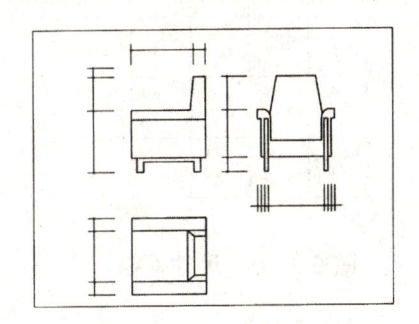

二、环境建筑设计制图

（一）建筑制图要求与规范

1. 尺寸标注

（1）标高及总平面以米（m）为单位，其余均以厘米（cm）为单位。

（2）尺寸线的起止点，一般采用短划和圆点（图6-12a）。

（3）曲线图形的尺寸线，可用尺寸网格表示（图6-12b）。

（4）圆弧的表示法（图6-12c）。

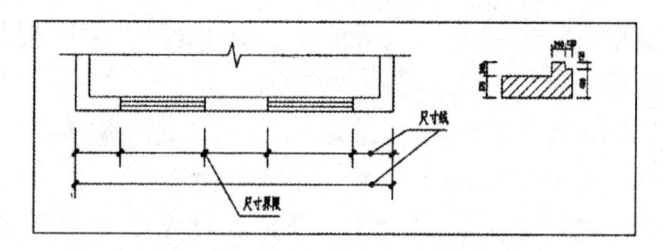

图 6-12a　用短划和图点标注尺寸线的起止点

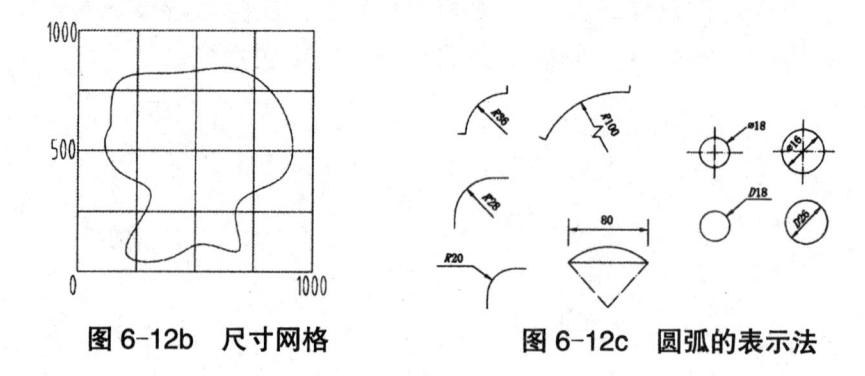

图 6-12b　尺寸网格

图 6-12c　圆弧的表示法

2. 标高标注

标高一般注到小数点后第二位止，如 +3.60 及 -1.50 等（图 6-13a、图 6-13b、图 6-13c）。

图 6-13a　用于剖面或立面上

图 6-13b　用于平面图上

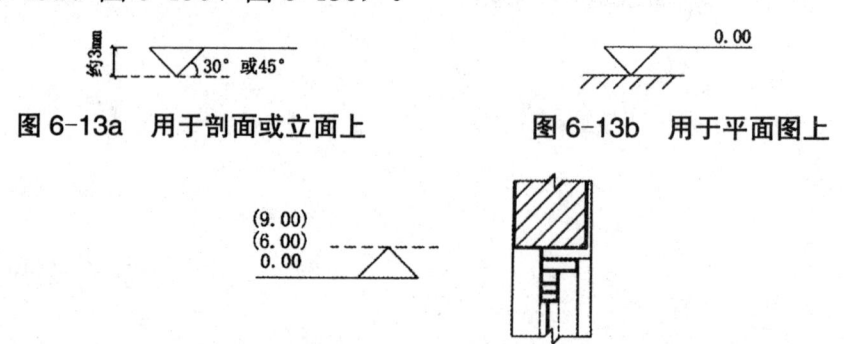

图 6-13c　同时表示几个不同高度时的标高标题法

3. 图线

在绘制环境建筑工程制图时，为了表示图样中的不同层次及主次，必须使用不同的线型和不同粗细的图线。

（1）图面各种图线的线型及粗细、用途，应按表 6-3 的规

第六章　环境艺术设计的表达技法

定采用。

表6-3　图线的线型、线宽及用途

名　称		线　型	线宽	一般用途
实线	粗	———————	b	主要可见轮廓线
	中	———————	0.5b	可见轮廓线
	细	———————	0.25b	可见轮廓线、尺寸线、图例线等
虚线	粗	- - - - - - -	b	见各有关专业制图标准
	中	- - - - - - -	0.5b	不可见轮廓线
	细	- - - - - - -	0.25b	不可见轮廓线、图例线等
单点长画线	粗	—-—-—-—	b	见各有关专业制图标准
	中	—-—-—-—	0.5b	见各有关专业制图标准
	细	—-—-—-—	0.25b	中心线、轴线、对称线
双点长画线	粗	—··—··—	b	见各有关专业制图标准
	中	—··—··—	0.5b	见各有关专业制图标准
	细	—··—··—	0.25b	假想轮廓线，成型前原始轮廓线
折断线		～	0.25b	断开线
波浪线		～～～	0.25b	断开线

（2）定位轴线：定位轴线的编号在水平方向的采用阿拉伯数字，由左向右注写；在垂直方向的采用大写汉语拼音字母（但不得使用I、O及Z三个字母），由下向上注写（图6-14a、图6-14b）。

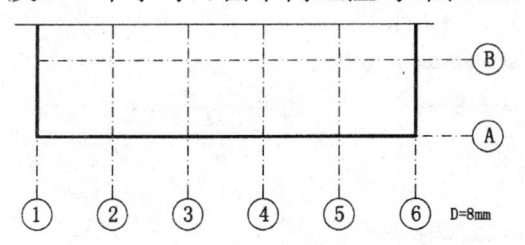

图6-14a　一定定位轴线的注法

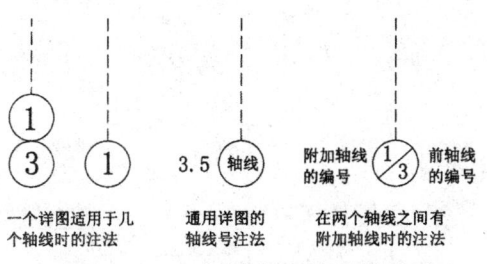

图6-14b　个别定位轴线的注法

（3）剖面的剖切线：剖视方向，一般向图面的上方或左方，剖切线尽量不穿越图面上的线条。剖切线需要转折时，以一次为限（图6-15）。

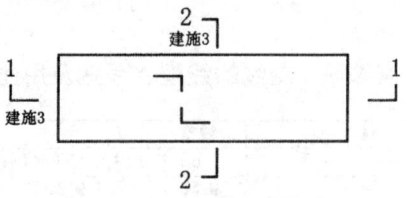

图 6-15　剖面的剖切线

（4）折断线：圆形的构件用曲线折断，其他一律采用直线折断，折断线必须经过全部被折断的图面（图 6-16）。

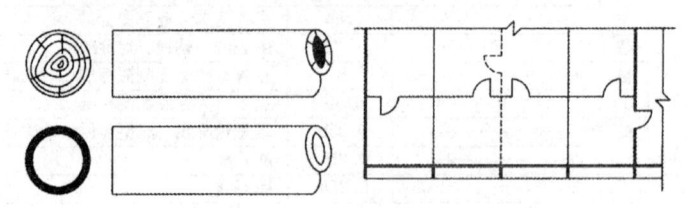

图 6-16　折断线

4. 建筑图例符号

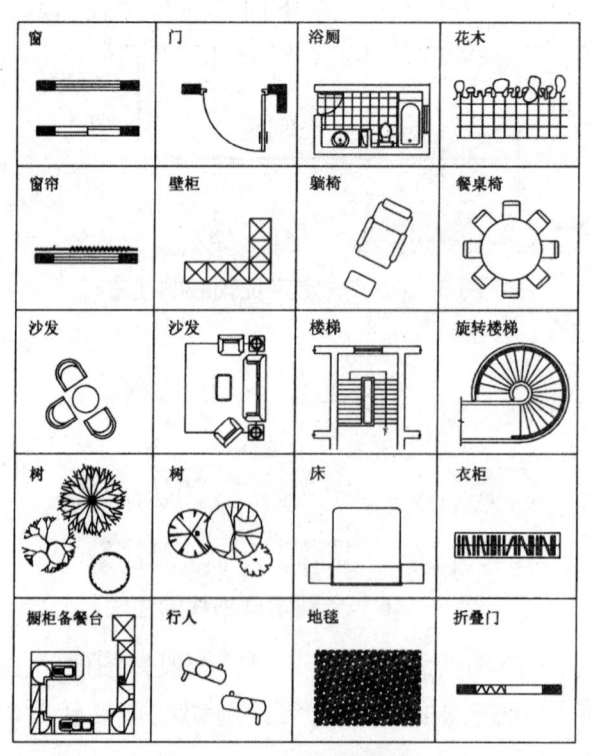

图 6-17　建筑图例符号

5. 景观绿化图符

针叶树　　阔叶树　　灌木丛

针叶树(林)　针叶树(密林)　阔叶树(疏林)　竹林(丛)

花架　　藤本植物　　花坛　　花带　　整形绿篱

草坪　　自然式草地　　水生植物　　山石　　步石

图 6-18　绿化平面符号

6. 工程字体

可供表现图选用的字体、字形很多，一般常用的是美术字或制图工程字。字体与字形的选用一定要与版式设计相配合。字体的风格应与画面风格相适应。字形大小的选配是需斟酌的一环，过大则喧宾夺主，过小会起不到点缀作用，看起来也不够醒目（图 6-19、图 6-20）。

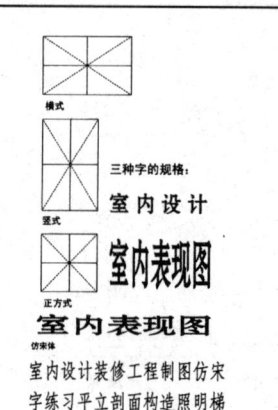

图 6-19 字的排列方式及规格　　图 6-20 最基本的美术字体

（二）建筑的平面、立面、剖面图概念

建筑的内部是由长、宽、高三个方向的立体空间所构成的。要科学地再现空间界面的关系，就必须利用正投影制图，绘制出空间界面的平、立、剖面图（图 6-21）。

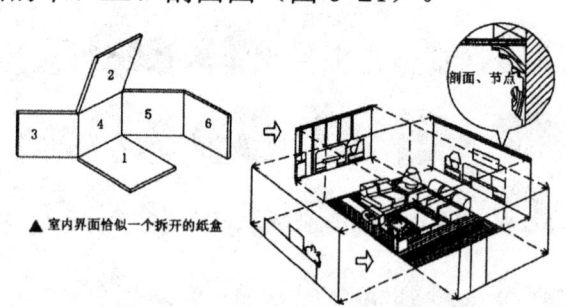

图 6-21 平面、立面、剖面示意图

1. 平面图

（1）基本概念

建筑平面图是房屋的水平剖视图，其实是用一个假想的水平面，在窗台之上剖开整幢房屋，移去处于剖切面上方的房屋将留下的部分按俯视方向在水平投影面上作正投影所得到的图样。

（2）主要内容

图名、比例、朝向：设计图上的朝向一般采用"上北下南左西右东"的规则。比例一般采用1∶100，1∶200，1∶50等。

墙、柱的断面，门窗的图例，各房间的名称。

其他构配件和固定设施的图例或轮廓形状。除墙、柱、门和窗外，在建筑平面图中，还应画出其他构配件和固定设施的图例或轮廓形状。如楼梯、台阶、平台、明沟、散水、雨水管等的位置和图例，厨房、卫生间内的一些固定设施和卫生器具的图例或轮廓形状。

必要的尺寸、标高，室内踏步及楼梯的上下方向和级数。

有关的符号：在平面图上要有指北针（底层平面）；在需要绘制剖面图的部位，画出剖切符号。

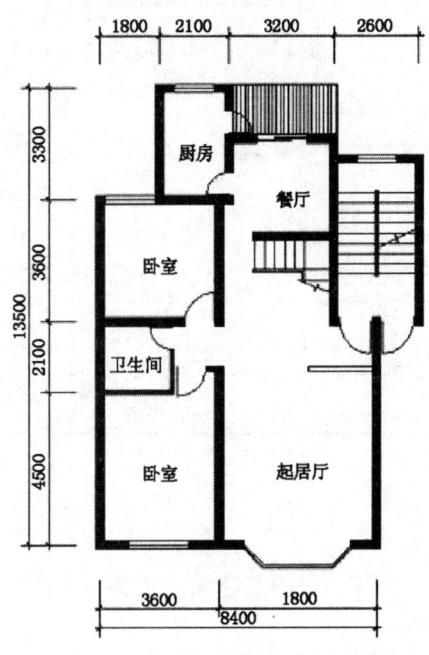

图 6-22　某家庭室内平面图

2. 立面图

（1）基本概念

建筑立面图是在与房屋立面相平等的投影面上所作的正投影。主要用来表示房屋的体型和外貌、外墙装修、门窗的位置与形状，以及遮阳板、窗台、窗套、檐口、阳台、雨篷、雨水管、平台、台阶、花坛等构造和配件各部分的标高和必要的尺寸。

（2）主要内容

图名和比例：比例一般采用1∶50，1∶100，1∶200。

房屋在室外地面线以上的全貌，门窗和其他构配件的形式、位置，以及门窗的开户方向。

表明外墙面、阳台、雨篷、勒脚等的面层用料、色彩和装修做法。

标注标高和尺寸。

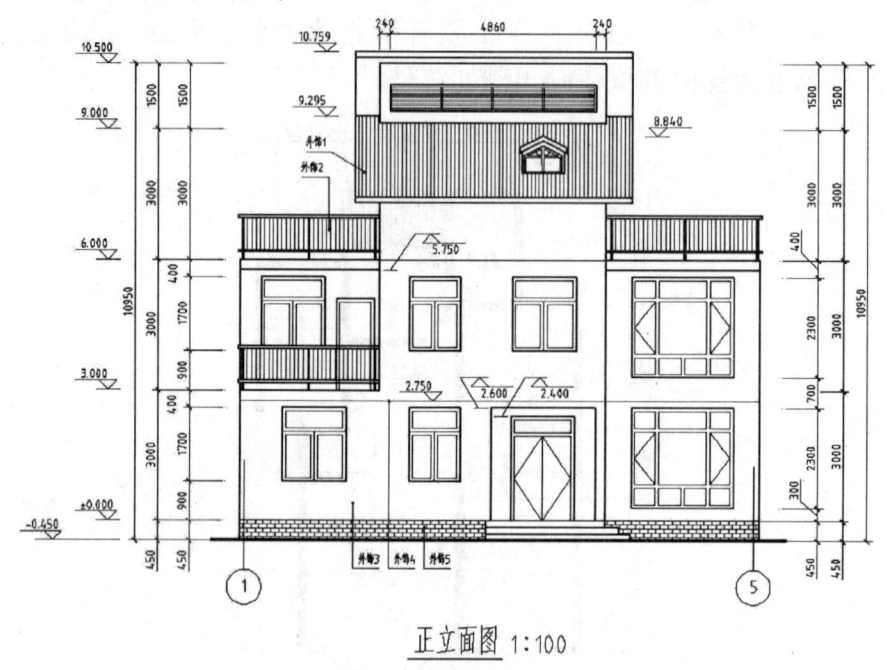

图 6-23　建筑立面图

3. 剖面图

（1）基本概念

建筑剖面图是房屋的垂直剖视图，也就是用一个假想的平行于正立投影面或侧立投影面的竖直剖切面剖开房屋，移去剖切平面与观察者之间的房屋，将留下的部分按剖视方向投影面作正投影所得到的图样，如图6-24即为某建筑剖面图的生成示意图。

第六章 环境艺术设计的表达技法

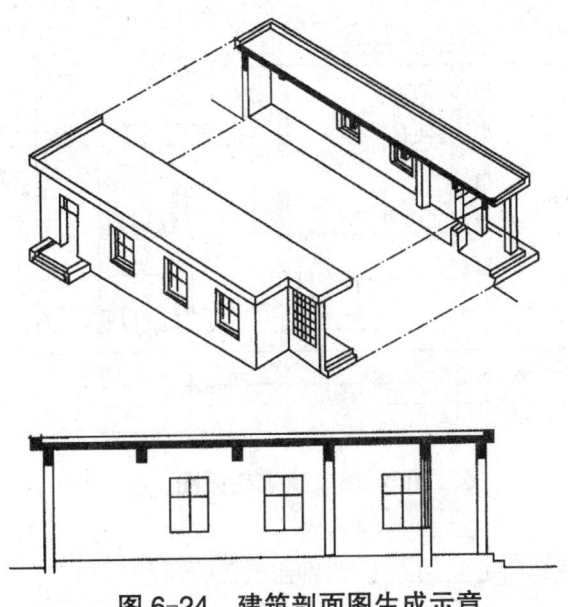

图 6-24 建筑剖面图生成示意

（2）主要内容

剖面应剖在高度和层数不同、空间关系比较复杂的部位，在底层平面图上表示相应剖切线。

图名、比例和定位轴线。

各剖切到的建筑构配件：室外地面的地面线、室内地面的架空板和面层线、楼板和面层；被剖切到的外墙、内墙，及这些墙面上的门、窗、窗套、过梁和圈梁等构配件的断面形状或图例；被剖切到的楼梯平台和梯段；竖直方向的尺寸、标高和必要的其他尺寸。

按剖视方向画出未剖切到的可见构配件：剖切到的外墙外侧的可见构配件；室内的可见构配件；屋顶上的可见构配件。

竖直方向的尺寸、标高和必要的其他尺寸。

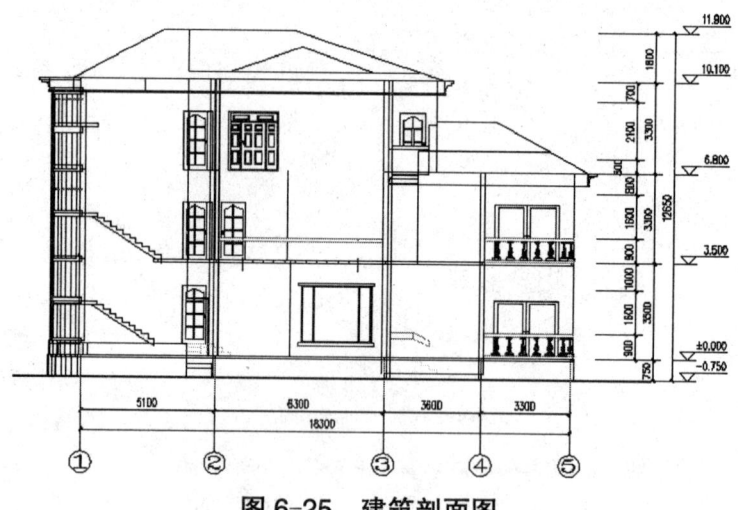

图 6-25 建筑剖面图

(三)建筑平面、立面、剖面图的画法

1. 平面图的画法

(1) 选择比例布置图面。
(2) 画轴线,轴线是建筑物墙体的中心控制线。
(3) 画墙柱轮廓线,承重墙厚为 240 毫米,即在轴线两边分别量取 120 毫米画出墙身轮廓线。
(4) 画出门、窗、陈设家具等建筑装饰细部。
(5) 画尺寸线及标注尺寸文字。

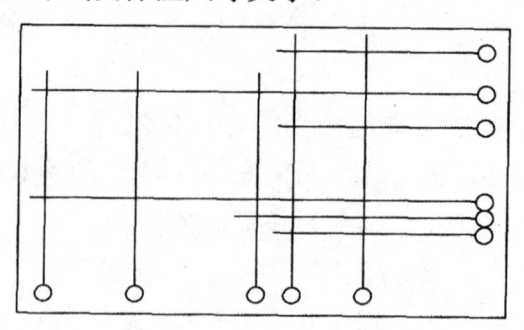

第六章　环境艺术设计的表达技法

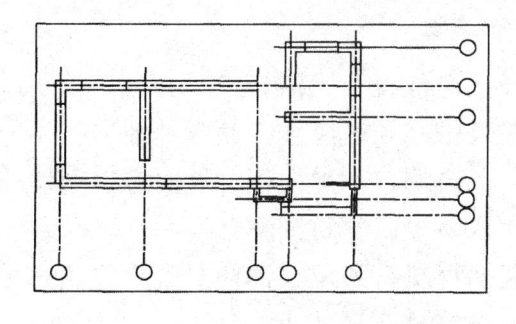

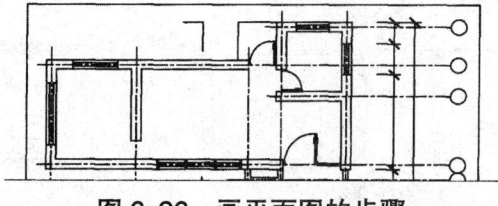

图 6-26　画平面图的步骤

2. 立面图的画法

（1）从平面图中引出立面的长度，量出立面的高度以及各部位的相应位置。

（2）画地平线和房屋的外轮廓线。

（3）画门、窗、台阶等建筑细部。

（4）画墙面材料和装修细部及家具、陈设投影。

（5）标示图名、文字说明及材料、构造做法。

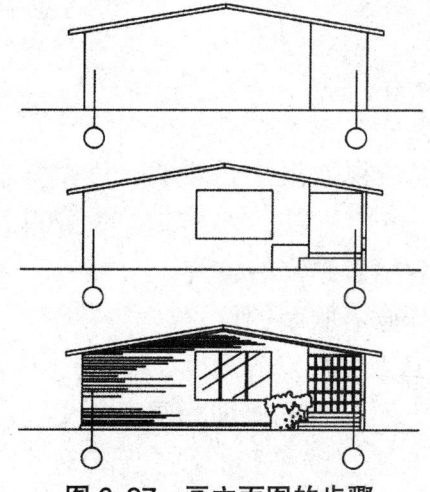

图 6-27　画立面图的步骤

3. 剖面图的画法

（1）选择剖切位置及比例。

（2）画墙身轴线和轮廓线、室内外地平线、屋面线。

（3）画门、窗洞口和屋面板、地面等被剖切的轮廓线。

（4）画室内陈设、建筑细部。

（5）画断面材料符号，如钢筋混凝土柱填充相应制图符。

（6）画标高符号及尺寸线。

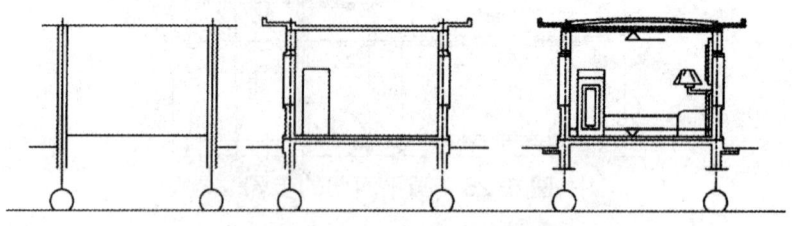

图 6-28　画剖面图的步骤

第二节　环境艺术设计的手绘表现

一、透视基础

（一）基本术语

为了正确表现透视效果，必须了解透视学中的一些基本概念及名称，从图 6-29 中可以了解各部位的名称以及它们的作用：

立点 SP——观察者站立的位置。

视点 EP——作画者眼睛的位置。

视高 EL——立点到视点的高度。

视平线 HL——视平面与画面相垂直的交线。

灭点 VP——与视平线平行的线在无穷远交会的点，也称消失点。

画面PP——人与物体间的假设面（垂直投影图）。

基线GL——画面垂直于地面交线，又称地平线。

基面GP——物体放置的水平地面。

测点M——也称量点，求透视图中物体尺度的测量点。

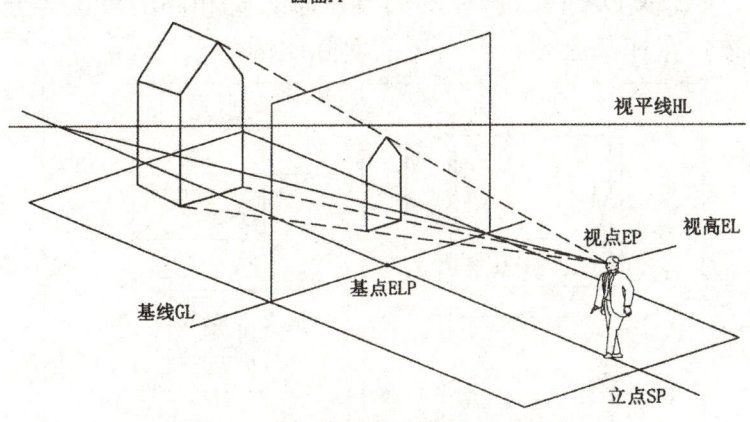

图6-29 透视基本概念及名称

（二）平行透视

物体的主要看面与画面呈平行状态，故名为平行透视（图6-30）。这种透视只有一个消失点，也称一点透视。此透视纵深感强，视感较稳定、庄重，接近人眼的观察视角，但处理不当易显呆板。

图6-30 平行透视

一点透视较快捷的方法是量点法，其作图步骤如下（以室内书房为例，见图6-31、图6-32）。

（1）选择透视要表现的视线方向：根据已定案的书房平面布置图（宽度设定为3.5米，高度设定为3米）确定。

（2）确定透视的外框线ABCD：AB代表房屋视线方向的宽度；CB或DA代表房屋的高度，总之宽和高的单位等分比例应一致，宽和高必须符合房屋的实际比例关系。

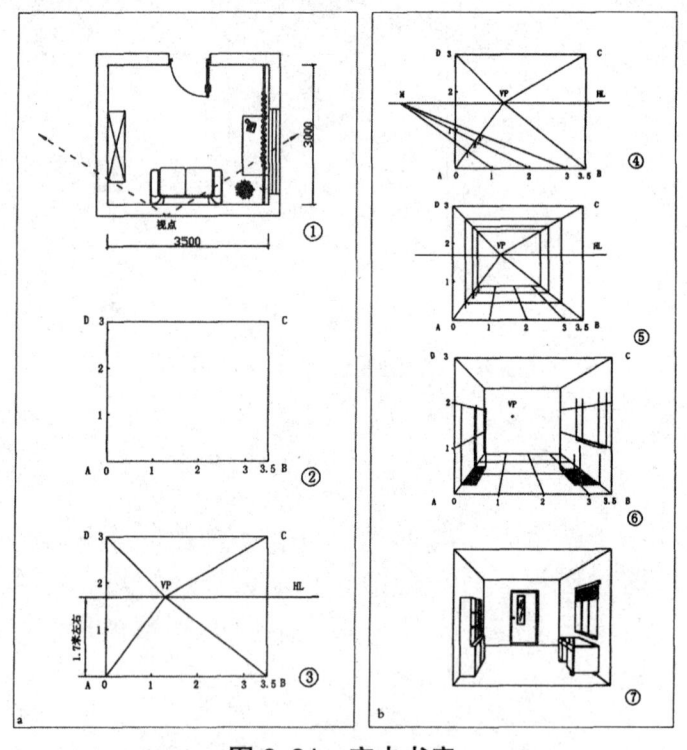

图6-31 室内书房

（3）选择合适的透视角度：以同样的空间，从不同的角度观看，会产生不同的视觉效果（图6-32）。从图示中可以悟出：在一点透视中，要反映室内视野的最佳透视角度，关键是要选择好消失点VP和视平线HL高度的位置。

（4）利用量点M（在透视外框线ABCD外，视平线HL上任意确定），求透视进深线：若房屋为3米进深，则从M点分别向AB及其延长线上的1、2、3等分点的位置画线，与A点向

第六章　环境艺术设计的表达技法

VP消失点的透视墙角线相交的各点1′、2′、3′，即为房屋3米进深的透视点。

（5）利用平行线画出墙壁与地面的进深分割线，然后从各点向VP消失点引线。

（6）在地面网格（每格代表实际1米的长度）上找出家具的平面位置，在墙面网格上找出物体高度的相对位置，详细画出家具等物体的透视关系。

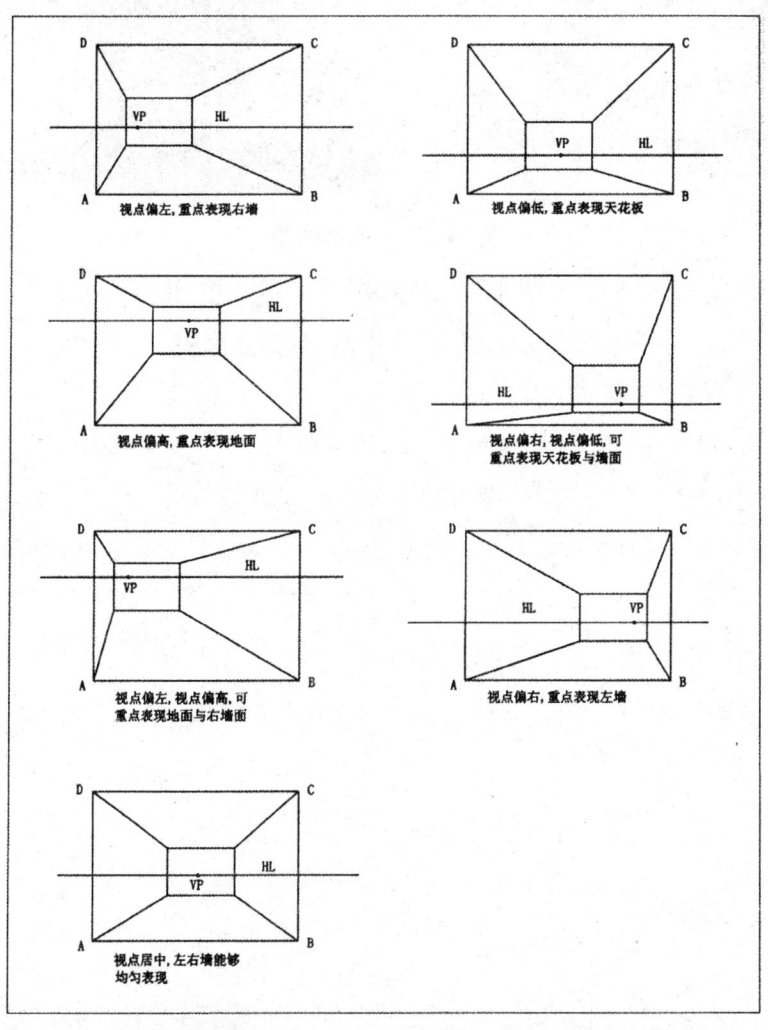

图6-32　同样的空间，从不同角度观看，会产生不同的视觉效果

（三）成角透视

成角透视又称两点透视。因为有两个消失点，物体透视效果生动活泼，反映的空间维度范围广。难点是角度若选择不佳，会产生透视变形，导致物体形态失真（图6-33）。

图6-33 成角透视

两点透视量点法作图步骤如下（以室内卧室为例）。

（1）按照一定比例确定墙角线AB的长度（三等分，表示3米高）。

（2）AB间选定视高（1.7米左右）作视平线HL，过B作与视平线HL水平的辅助线GL（图6-34）。

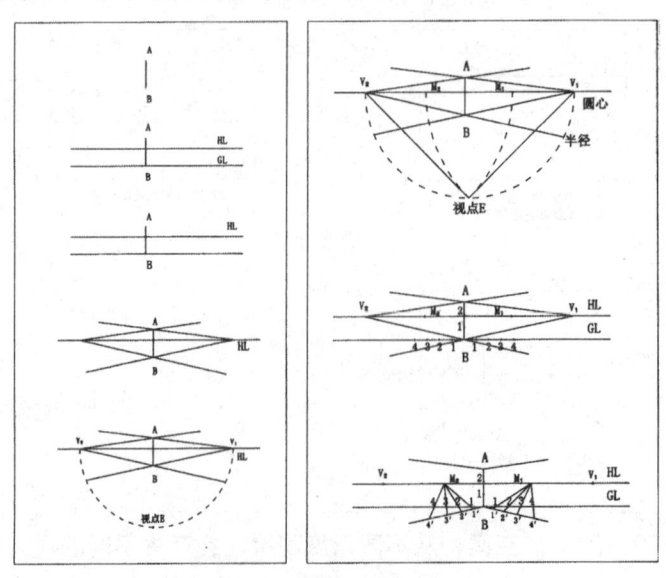

图6-34 两点透视法作图

（3）在 HL 上确定灭点 V_1、V_2，画出墙边线。

（4）以 V_1、V_2 为直径画半圆，在半圆上确定视点 E。

（5）以 V_1E、V_2E 为半径，分别以 V_1、V_2 为圆心画弧交于 HL 上，求出 M_1、M_2 量点的位置。

（6）在 GL 上，根据 AB 的单位尺寸画出等分点。

（7）M_1、M_2 分别与 GL 上等分点连接，求出地面透视等分点。

（8）各等分点分别与 V_1、V_2 连接，求出墙地面的透视网格图（图 6-35）。

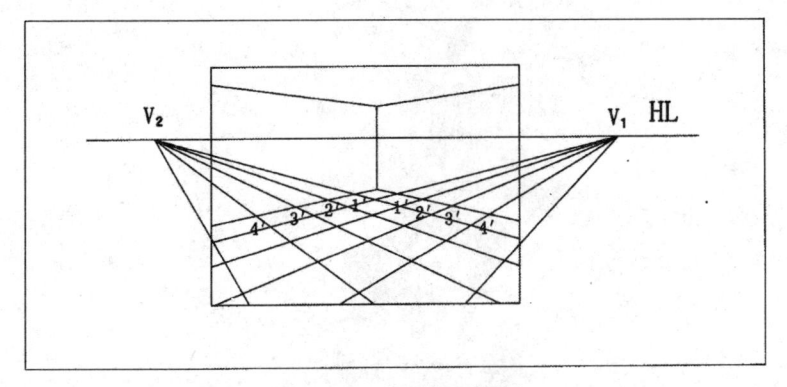

图 6-35　透视网格图

（9）在地面墙身网格上，找出室内家具的位置，并画出细节，最后调整画面外框图线，构图完善（图 6-36）。

图 6-36　利用网格法完善构图

(四）轴测图

轴测图是由平行投影产生的具有立体感的视图（图6-37）。这种轴测图形虽不符合人眼的视觉规律、缺少视觉纵深感，但它具有把平面形状、设计立面和群体效果集中展现、反映景物实际比例关系的特点，轴测图作图简便，是一种有力地表现俯瞰空间效果的手法。

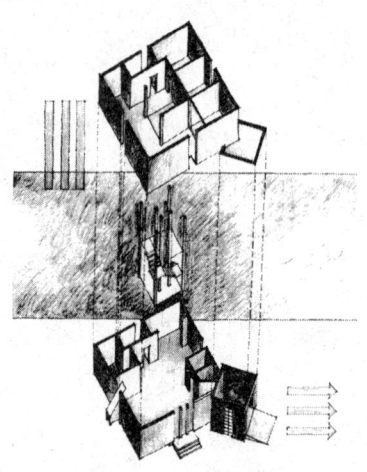

图6-37　轴测图

1.轴测图的种类

轴测图有分别代表物体长、宽、高的三轴，并可按一定的比例度量各条边的长度。一般将绘好的建筑平面图在水平线上旋转一定的角度，把物体对象上的各点按同一比例尺寸，垂直向上作出高度并将各点连线，即形成轴测图。

根据投影线与承影面的垂直与否，轴测图可划分为正轴测图和斜轴测图两大类。每类又可根据物体与承影面、投影线之间的关系分出不同的类型。

在正轴测图中，当物体的几个面均不与承影面平行时，采用正投影的方式所得到的轴测图有正等测投影图（图6-38）、正二测投影图（图6-39）、正三测投影图（图6-40）三类。其中，在正二轴测图和正三轴测图中，物体的所有主面与显像面夹角不完全一样。

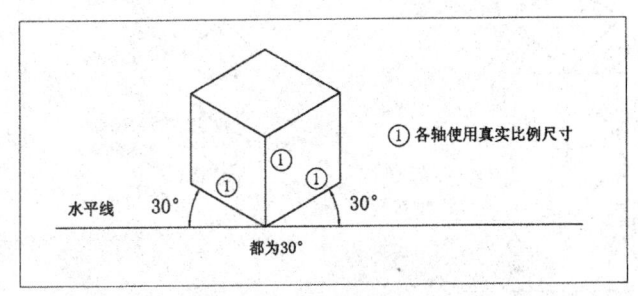

图 6-38　正等测投影图

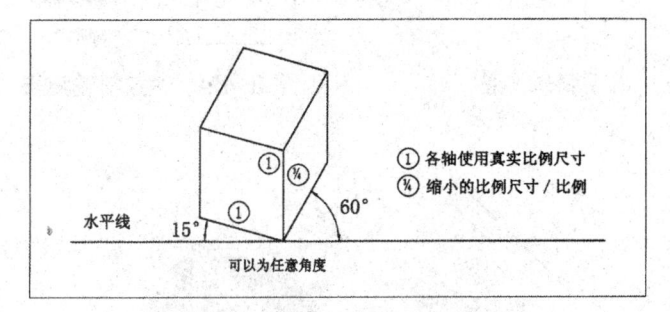

图 6-39　正二测投影图

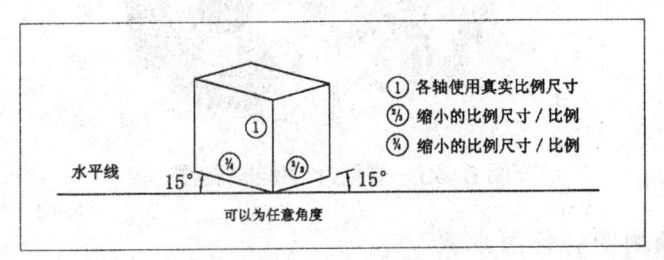

图 6-40　正三测投影图

在斜轴测图中，因为投影线不与承影面垂直，所以通常选用物体的一个面与承影面平行。当物体的水平面与承影面平行时，其水平面反映实形；当物体的立面与承影面平行时，其立面反映实形，它们所形成的斜轴测图有水平斜轴测图（图 6-41）、立面斜轴测图两种类型（图 6-42）。图 6-43 为完成的景观水平斜轴测图。

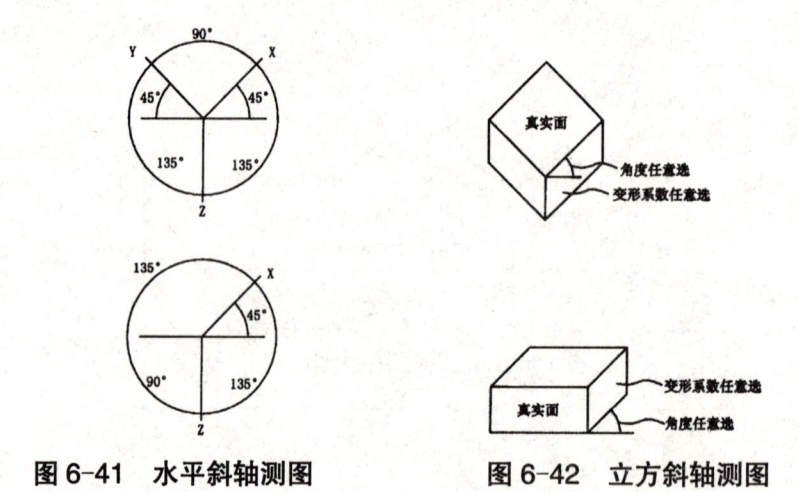

图 6-41　水平斜轴测图　　　　图 6-42　立方斜轴测图

图 6-43　景观水平斜轴测图

2. 轴测图的作图步骤

（1）轴测图的选择。轴测类型不同，其作图特点和方法也各异，因此作轴测图前应根据设计内容选择相适应的轴测类型，以便精确表现物体的实际状况，避免过于失真、变形。对规则和平直的形态可用正轴测图表现；对不规则的曲线和复杂的形体可用平面反映实形的水平斜轴测图表现。

（2）根据选定的轴测形式、变形系数和角度，作轴向线。

（3）沿各轴按相应的变形系数量取尺寸。

（4）作平行于轴的直线，将相应的点连接起来，完成轴测平面。

第六章 环境艺术设计的表达技法

(5) 沿高度轴向量得各点高度,并将相直的点连接起来。这里若直线为轴测轴的轴向线,则可直接在相应的轴上量取长度;若直线不与轴测轴平行,则不能直接在轴上量取长度,而应先用轴测轴定出直线端点的位置,然后再连线。

(6) 根据前后关系,擦去被挡的图线和底线,加深图线,完成轴测图。

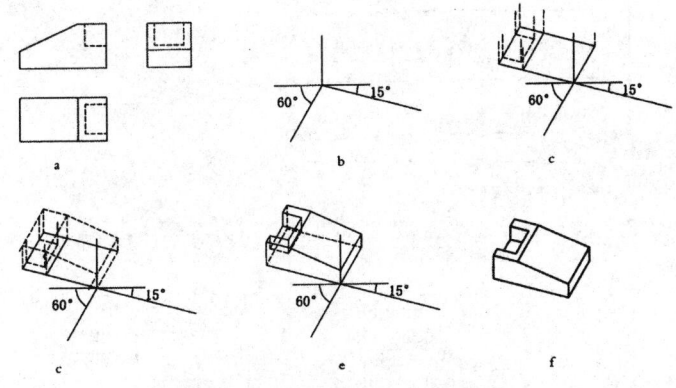

图 6-44 轴测图的作图步骤

二、手绘表现技法

手绘表现图以其丰富的艺术表现力,借助绘画手段形象地表达了设计者预想的环境空间效果。因此,掌握手绘表现图的种种技法,是环境艺术设计学习者必修的基本功。

(一) 基本能力的培养

手绘表现图的特点是以线为主,以色辅之。墨线底稿和用线的技法就显得十分重要。

1. 线的组织

线主要是用来描绘空间物体的轮廓,同时也可以通过各种排列方式和组合表达物体造型和质感肌理(图 6-45)。

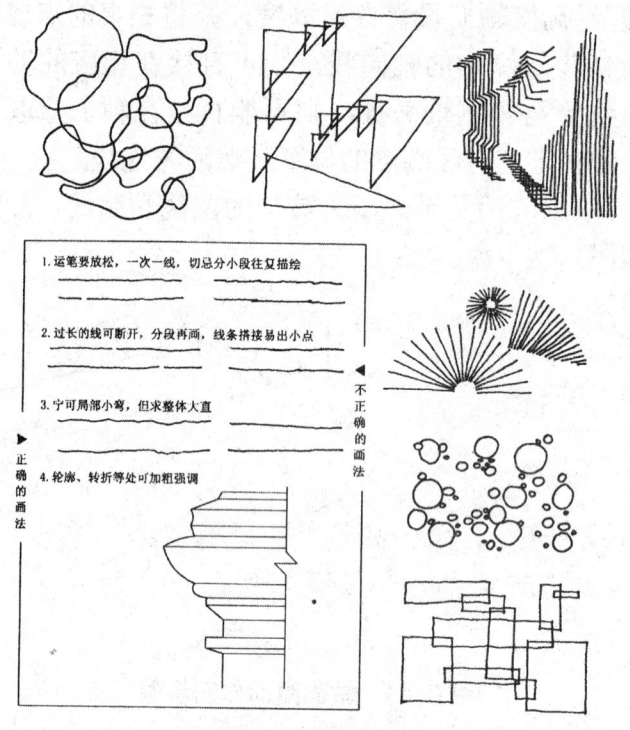

图 6-45 线描练习

2. 线与空间

用线来表现空间比用明暗素描来表现难度更大,线的提炼加工要讲究。用线来表现近大远小的空间感,主要靠线的透视准确性;用线表现空间结构的进深关系,多以线的疏密来完成(图 6-46、图 6-47、图 6-48)。

图 6-46 线与空间(一)

第六章 环境艺术设计的表达技法

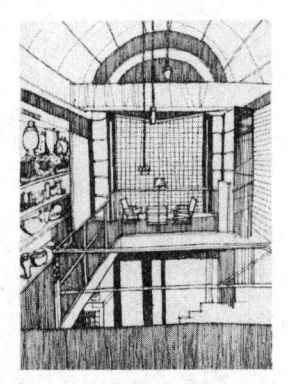

图 6-47　线与空间（二）　　　图 6-48　线与空间（三）

3. 线与质感

用线来表现质感主要是用线来表现材质的肌理结构和材质的特性，如表现玻璃材质，线就要显出透明反光的感觉；表现木材可画其纹理；表现布艺可用飘逸、柔软的线等（图 6-49、图 6-50、图 6-51）。

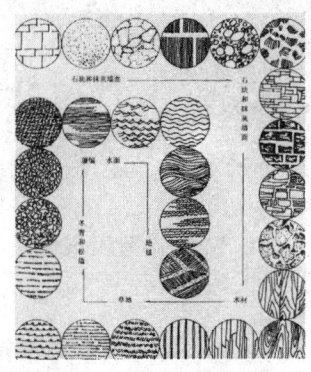

图 6-49　线与质感（一）

图 6-50　线与质感（二）　　　图 6-51　线与质感（三）

· 231 ·

（二）表现技法的种类

1. 按不同工具划分

（1）铅笔画

铅笔是作画的最基本工具，优点是价格低廉、携带方便，特别有助于表现出深、浅、粗、细等不同类别的线条及由不同线条所组成的不同的面。由于绘图快捷，铅笔除了作为建筑表现画的工具之外。还常用来绘制草图和推敲研究设计方案。

铅笔画表现的关键是：用笔得法，线条有条理，有轻重变化，这样才能产生优美而富有韵律及变化的笔触，而笔触正是铅笔画所具有的独特风格。

图 6-52　铅笔表现画

（2）钢笔画

在设计领域中，用钢笔来表现建筑非常普遍。钢笔画的特点是黑白对比强烈，灰色调没有其他工具丰富。因此，用钢笔表现对象就必须要用概括的方法。能够恰当地运用洗练的方法、合理地处理黑白变化和对比关系，就能非常生动、真实地表现出各种形式的建筑形象。

（3）水彩画

水彩画具有色彩清新明快、质感表现力强、效果好等优点，常被用来作为建筑设计方案的最后表现图。

水彩画有两个显著的特点：一是画面大多具有通透的视觉感觉；二是绘画过程中水的流动性。由此造成了水彩画不同于

第六章　环境艺术设计的表达技法

其他画种的外表风貌和创作技法。颜料的透明性使水彩画产生一种明澈的表面效果。

图 6-53　钢笔画建筑

图 6-54　水彩画建筑

（4）马克笔画

马克笔画的特点是线条流利、色艳、干快、具有透明感、使用方便。其概念性、写意性、趣味性和快速性是其他工具所不能代替的。

图 6-55　马克笔手绘图

环境艺术设计的影响因素与表达手段

2. 按表达技法划分

（1）线条图

线条图是以明确的线条描绘建筑物形体的轮廓线来表达设计意图的，要求线条粗细均匀、光滑整洁、交接清楚。常用工具有铅笔、钢笔、针管笔、直线笔等。建筑设计人员绘制的线条图有徒手线条图和工具线条图。

①徒手线条图

徒手线条图就是不用直尺等其他辅助工具画的图。徒手线条柔和而富有生机。徒手线条虽然以自由、随意为特点，但不代表勾画时可以任意为之，还是需要注意一些处理手法，这样勾画出的徒手线条才会有挺直感、有韵律感和动感。

徒手线条图的绘制要领：

要肯定，每一笔的起点和终点交代清楚，为了使线条位置准确和平直而反复地一段段地描画是绘画者要尽力避免的做法。

线与线之间的交接同样要交代清楚。可以使两个线条相交后，略微出头，能够使物体的轮廓显得更方正、鲜明和完整。略微出头的相交显然比两条完美邻接的线条画得更快，并且使绘图显得更加随意和专业。

图 6-56 至图 6-59 是徒手线条图的基本画法。

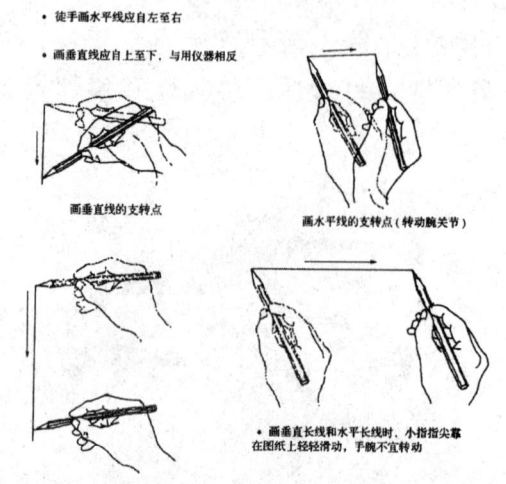

图 6-56 徒手线条的运笔方向及手和手腕的配合

第六章　环境艺术设计的表达技法

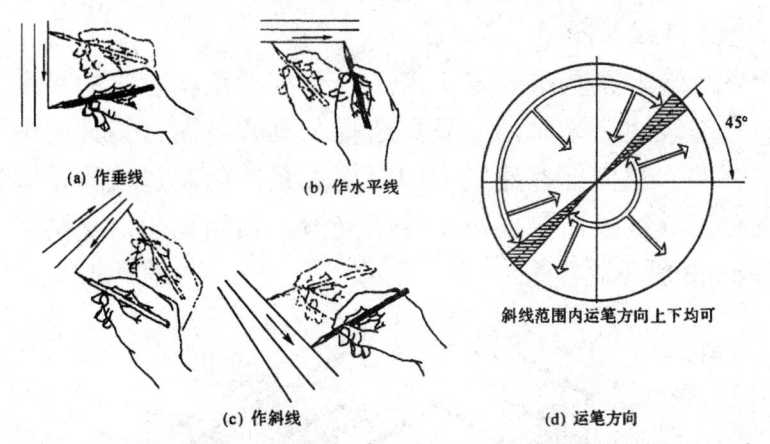

(a) 作垂线　　(b) 作水平线

(c) 作斜线　　(d) 运笔方向

斜线范围内运笔方向上下均可

图 6-57　徒手线条中垂直线、水平线和斜线的基本画法和运笔

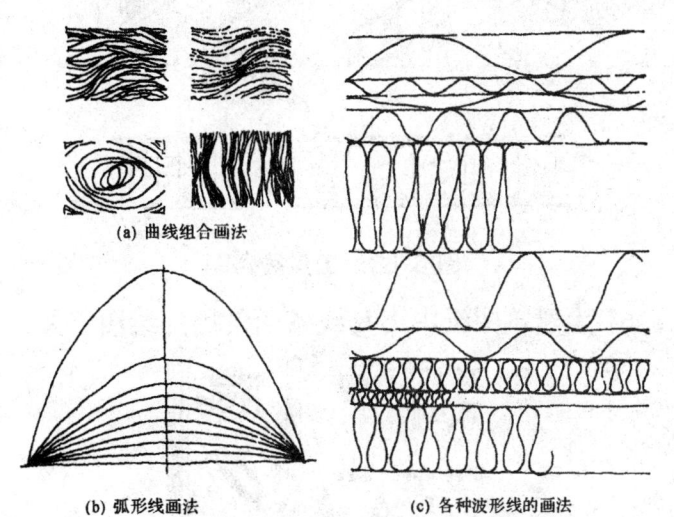

(a) 曲线组合画法

(b) 弧形线画法　　(c) 各种波形线的画法

图 6-58　徒手曲线线条的画法

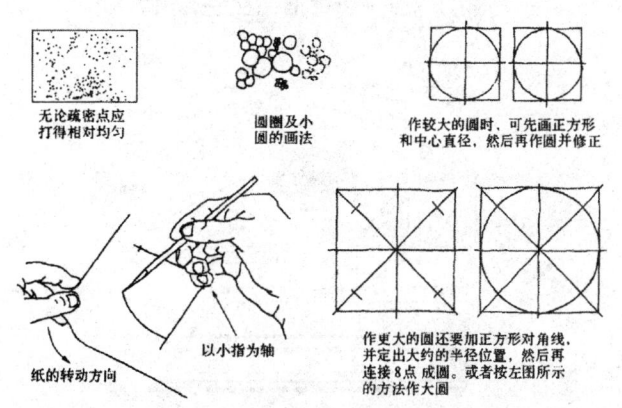

无论疏密点应打得相对均匀

圆圈及小圆的画法

作较大的圆时，可先画正方形和中心直径，然后再作圆并修正

以小指为轴

纸的转动方向

作更大的圆还要加正方形对角线，并定出大约的半径位置，然后再连接8点成圆。或者按左图所示的方法作大圆

图 6-59　徒手点和圆的画法

·235·

②工具线条图

当建筑方案基本确定下来，需要准确地将建筑的尺度、建筑的形态表达出来时，一般需选择工具线条图。工具线条图的精准有助于我们把握建筑中的尺度关系，明确建筑的轮廓线。一般对工具线条图的要求是线条光滑、粗细均匀，交接清楚，如图 6-60 所示。

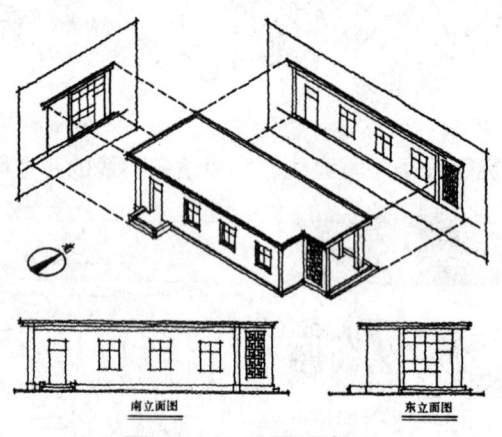

图 6-60　工具线条图

图 6-61 为建筑图纸中工具线条图常用的绘图工具。

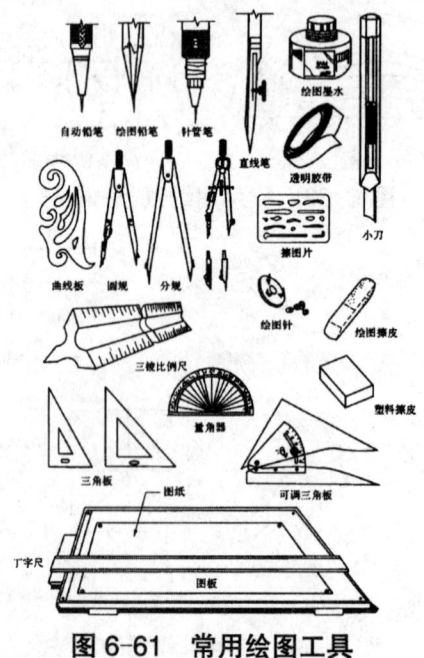

图 6-61　常用绘图工具

a. 丁字尺和三角板

丁字尺和三角板使用前，必须擦干净；丁字尺头要紧靠图板左侧，不可以在其他侧面使用；水平线用丁字尺自上而下移动，运笔从左向右；三角板必须紧靠丁字尺尺边，角向应在画线的右侧；垂直线用三角板由左向右移动，运笔自下向上。

使用丁字尺和三角板，可画出15°、30°、45°、60°、75°等常用角度。

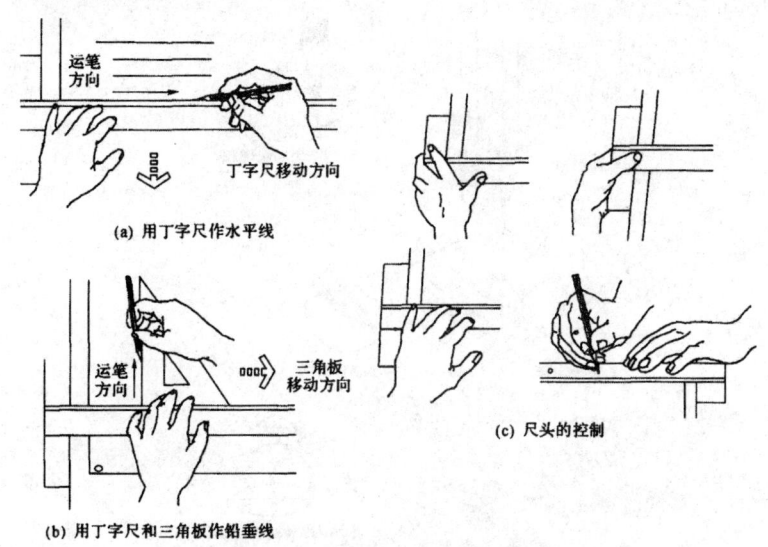

图6-62 丁字尺的使用方法

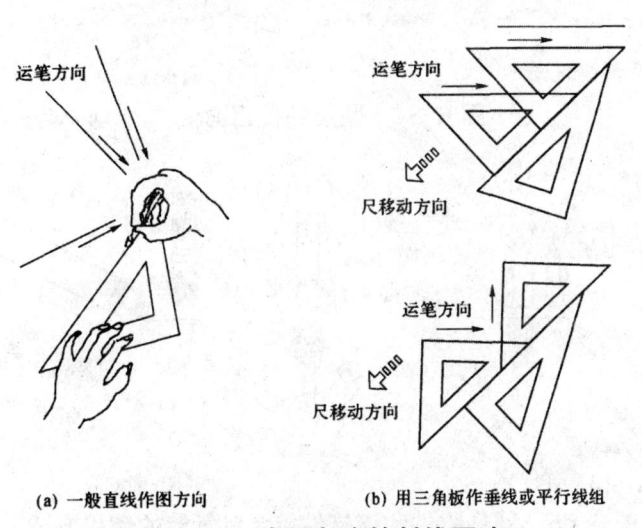

图6-63 常见角度的斜线画法

b. 圆规和分规

用圆规画圆时，应顺时针方向旋转，规身略可前倾；画大圆时，可接套杆，此时针尖与笔尖要垂直于纸面，画小圆时，用点圆规；用分规时应先在比例尺或线段上度量，然后量到图纸上，分规的针尖位置应始终在待分的线上，弹簧分规可作微调；注意保护圆心，勿使图纸损坏；若曲尺与直线相接，应先曲后直，若曲线与曲线相接，应位于切线。

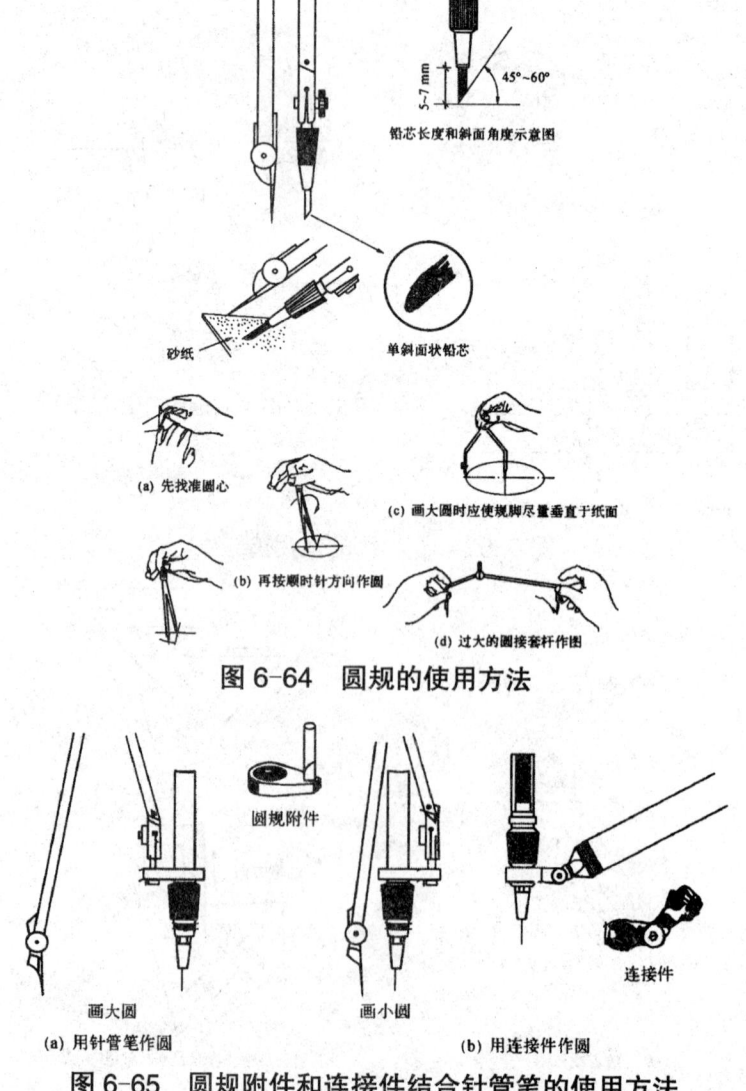

图 6-64　圆规的使用方法

图 6-65　圆规附件和连接件结合针管笔的使用方法

第六章 环境艺术设计的表达技法

c. 铅笔

铅笔线条是一切建筑画的基础，通常多用于起稿和方案草图。

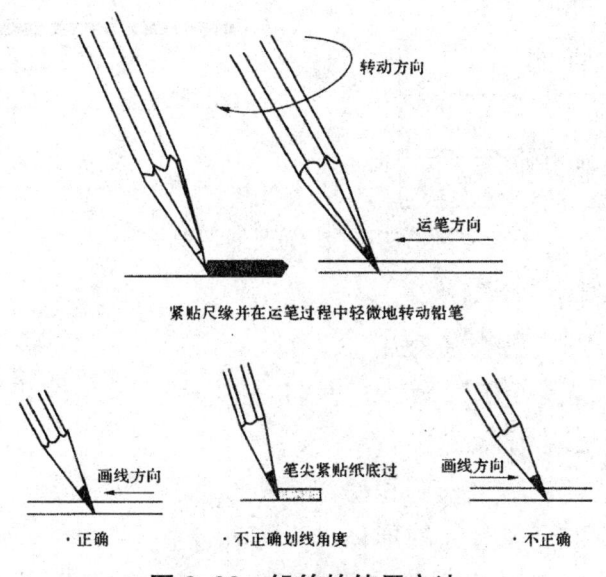

图 6-66 铅笔的使用方法

d. 直线笔（鸭嘴笔）

常用绘图墨水或碳素墨水，调整螺丝可控制线条的粗细；将墨水注入笔的两叶中间，笔尖含墨不宜长过 6～8 毫米，否则易滴墨，笔尖在上墨后要擦干净，保持笔外侧无墨迹，以免洇开；用毕后，务必放松螺丝，擦尽积墨；画线时，笔尖正中要对准所画线条，并与尺边保持一微小距离；运笔时，要注意笔杆的角度，不可使笔尖向外斜或向里斜，行进速度要均匀。

e. 比例尺

比例尺上刻度所注长度，表示了要度量的实物长度，如 1∶100 比例尺上的 1 米刻度就代表了 1 米长的实物。此时，长度尺寸是实物的 1/100。

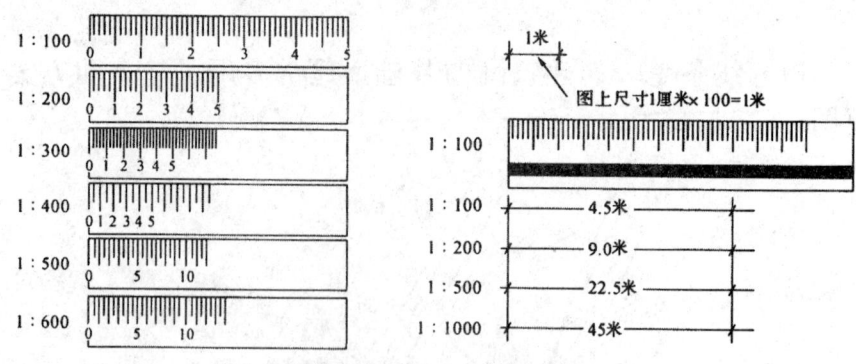

图 6-67 比例尺的识读

（2）渲染图

①渲染图的种类及特点

渲染是表现建筑形象的基本技法之一，建筑渲染图通常用水墨渲染和水彩渲染。

水墨渲染是用水来调和墨，在图纸上逐层染色，通过墨的浓、淡、深、浅来表现对象的形体、光影和质感。

水彩渲染则是将墨换为水彩颜料，渲染时不仅讲究颜料的浓淡深浅关系，还要考量颜料之间的色彩关系。

图 6-68 水墨渲染图

建筑渲染是传统的表现技法之一，它具有很多鲜明的特点：

第一，形象性。形象性表现为人们在日常生活中对建筑及其环境的细心观察与体验，素材积累日渐丰富，促使大脑产生记忆和联想，形象思维能力和想象能力不断提高，从而激发建筑创作灵感。

第二,秩序性。建筑形象的创作应遵循一定的形式美规律法则。例如在西方古典柱式水墨渲染作业中,既强调画面构图的完整性和诠释柱式主体与背景的主从关系的配合,又强调建筑物在强光照射条件下各组成部分之间的明暗对比关系,从而达到建筑空间和建筑形象的统一。

第三,技巧性。建筑渲染技法有独特的技巧性,具体体现在:构图严谨,有序统一,明暗生动,光感强烈。

②渲染工具及用具

a. 渲染工具

毛笔。一般用于小面积渲染,至少准备三支,即大、中、小,可分为:羊毫类,如白云;狼毫类,如依纹或叶筋。

排笔。通常用于大面积渲染。排笔宽度一般在50～100毫米左右,羊毫类。

贮水瓶、塑料桶或广口瓶。用于裱纸以及调和墨汁和水彩颜料。

b. 主要调色用具

调色盒。分18孔和24孔,市场有售。

小碟或小碗若干。用于不同浓淡的墨汁和不同颜色的调和。

"马利牌"水彩颜料。用于色彩渲染。有12色或18色,市场有售。

"一得阁"墨汁。用于水墨渲染。瓶装,市场有售。

c. 裱纸用具

水彩纸。应选择质地较韧,纸面纹理较细又有一定吸水性能的图纸。

棉质白毛巾。棉质毛巾吸水性好,较柔软,不易使纸面产生毛皱和擦痕,利于均匀渲染。不要使用带有色彩和有印花的毛巾,这是避免因毛巾褪色而污染纸面。

卫生糨糊或纸面胶带(市场有售)。用糨糊或胶带把浸湿好的水彩纸固定在图板上。

d. 裱纸技巧及方法

为了使所渲染的图纸平整挺阔，方便作画过程，避免因用水过多和技法不熟而引起纸皱，渲染前应细心裱纸，以利作画。常见的裱纸方法有两种：干裱法和湿裱法。

干裱法。比较简单，适用于篇幅较小的画面，具体步骤为：将纸的四边各向内折1～2厘米。图纸正面刷满清水，反面保持干燥，平铺于图板上。在图纸内折的1～2厘米的反面均匀涂上糨糊或胶水，固定在图板上。把图板平放于通风阴凉干燥的地方，毛巾绞干水后铺在图纸中央，待图纸涂抹糨糊的四个折边完全干透后，再取下毛巾即可。

湿裱法。湿裱法较干裱法费时多，对画面篇幅的限制小。具体步骤为：将纸的正反两面都浸湿，如纸张允许，可在水中浸泡1～3分钟。把浸湿过的图纸平铺在板上，并用干毛巾蘸去纸面多余的水分。用绞干的湿毛巾卷成卷，轻轻在湿纸表面上滚动，挤压出纸与图板之间的气泡，同时吸去多余水分。待纸张完全平整后，用洁净的干布或干纸吸去图纸反面四周纸边1～2厘米内的水分，将备好的胶水或糨糊涂上，贴在图板上。为防止画纸在干燥收缩过程中沿边绷断，可进一步用备好的2～3厘米宽的纸面水胶带（市场有售）贴在纸张各边的1～2厘米处，放在阴凉干燥处待干。

湿裱法避免了干裱法因纸张正反两面干湿反差大的弊病。由于图纸正反面同步收缩，纸张与图板紧密吻合，上色渲染时只要不大量用水，自始至终可保持平整，利于作画。

③渲染技法介绍

a. 渲染方法

常见的渲染方法有三种，即平涂法、退晕法和叠加法。

平涂法：常用于表现受光均匀的平面。一般适合单一色调和明暗的均匀渲染。

退晕法：用于受光强度不均匀的平面或曲面。具体地，可以由浅到深或者由深到浅地进行均匀过渡和变化。例如，天空、

第六章 环境艺术设计的表达技法

地面、水面的不同远近的明暗变化以及屋顶、墙面的光影变化及色彩变化等。

叠加法。用于表现细致、工整刻画的曲面，如圆柱、圆台等。可事先把画面分成若干等份，按照明暗和光影的变化规律，用同一浓淡的墨水平涂，分格叠加，逐层渲染。

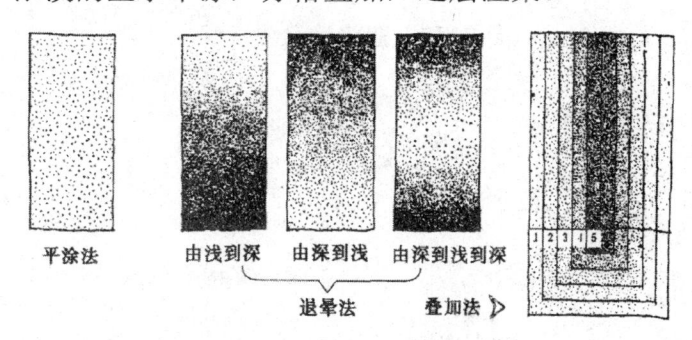

图 6-69 渲染方法效果示意

b. 渲染的运笔方法

渲染运笔法大致有三种：水平运笔法、垂直运笔法和环形运笔法。

水平运笔法：用大号笔做水平移动，适宜于作大面积部位的渲染。如天空、大块墙面或玻璃幕墙及用来衬托主体的大面积空间背景等。

垂直运笔法：宜作小面积渲染，特别是垂直长条状部位。渲染时应特别注意：上下运笔一次的距离不能过长，以免造成上墨不均匀；同一横排中每次运笔的长短应大致相等，防止局部过长距离的运笔造成墨水急剧下淌而污染整个画面。

环形运笔法：常用于退晕渲染。环形运笔时笔触的移动既起到渲染作用，又发挥其搅拌作用，使前后两次不同浓淡的墨汁能不断均匀调和，从而达到画面柔和渐变的效果。

c. 光线的构成及其表达法

通常情况下，建筑画的光线方向确定为上斜向 45°，而反光定为下斜向 45°。如图 6-71 所示，这是它们在画面上（即平面、立面）的光线表示。

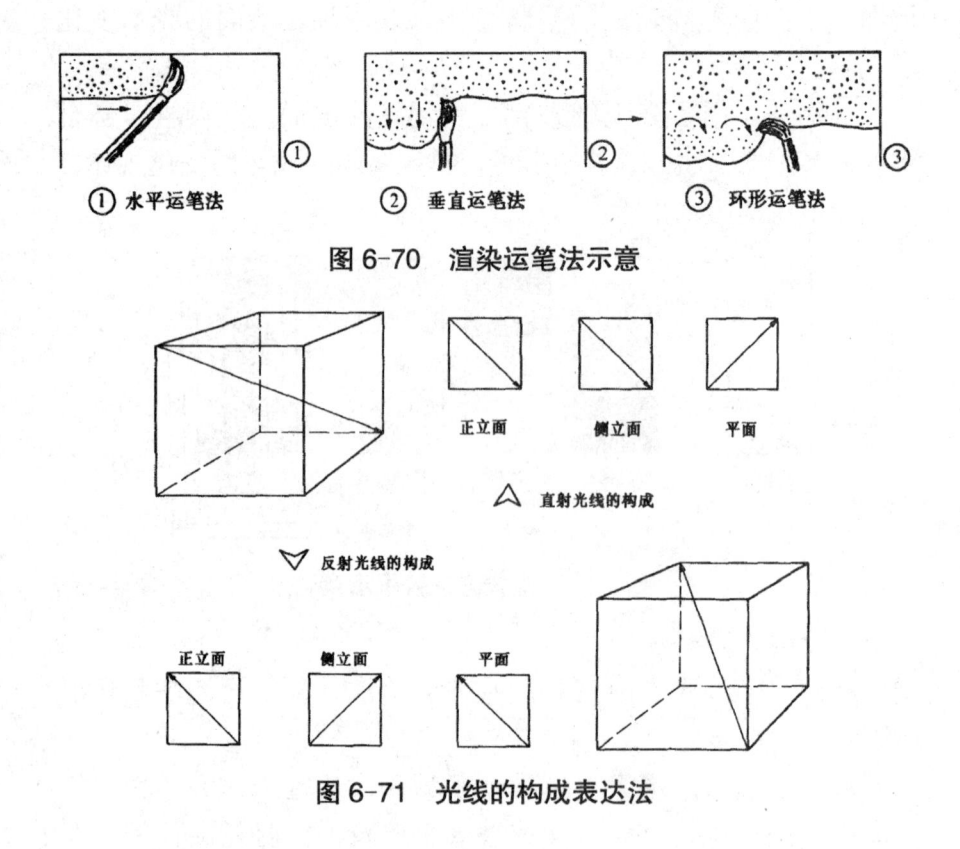

① 水平运笔法　② 垂直运笔法　③ 环形运笔法

图 6-70　渲染运笔法示意

正立面　侧立面　平面
△ 直射光线的构成

▽ 反射光线的构成
正立面　侧立面　平面

图 6-71　光线的构成表达法

第三节　环境艺术设计方案的模型制作

　　环境艺术设计构思常常难以用图纸来表达复杂的形体和空间，而模型则可以从不同角度看到实物的形态及其周围环境，充分体现出平面效果图中无法表现的三维空间效果。整个模型制作是设计方案酝酿、推敲和完善的实践过程，因此，设计师借助模型可检验自己的创作构思，从而获得满意的实态空间效果。具备制作模型的知识和技巧是设计师应掌握的基本功。

第六章　环境艺术设计的表达技法

一、设计模型的种类

（一）按照使用目的分类

一是设计研究用的概念模型（图6-72），这是设计的立体"草图"，注重整体性研究，故多用快速成型的材料；二是展示用的、多为设计完成后制作的终极模型（图6-73）。前者较粗糙、简易；后者表现较逼真、精致。

图 6-72　概念模型　　　　　图 6-73　终极模型

（二）按照制作材料分类

模型制作可以选用的材料多种多样，可根据设计要求，按照不同材料的表现和制作特性加以选用。制作模型的材料多达上百种，但常用的不过有五六种，包括纸张、泡沫、有机玻璃、塑料板、石膏、橡皮泥等。

1. 纸张

制作模型常用的纸张有卡纸和彩色水彩纸。卡纸是一种极易加工的材料。卡纸的规格有多种，一般平面尺寸为A2，厚度为1.5～1.8毫米。除了对直接使用市场上各种质感和色彩的纸张外，还可以对卡纸的表面作喷绘处理。

彩色水彩纸颜色非常丰富，一般厚度为0.5毫米，正反面多分为光面和毛面，可以表现不同的质感。在模型中常用来制作建筑的形体和外表面，如墙面、屋面、地面等。

另外，市场上还有一种仿石材和各种墙面的半成品纸张，选用时应注意图案比例，以免弄巧成拙。

制作卡纸模型的工具有裁纸刀、铅笔、橡皮等，粘贴材料可选用乳白胶、双面胶。卡纸模型制作简单方便，表现力强，对工作环境要求较少。但易受潮变形，不宜长时间保存，粘接速度慢，线角处收口和接缝相对较难。

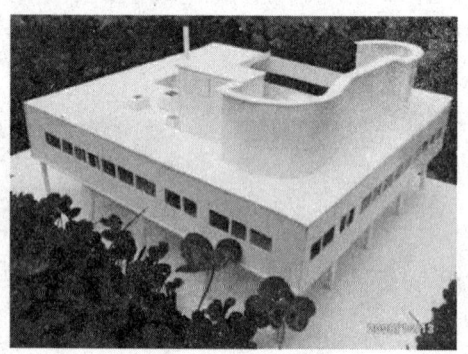

图6-74 卡纸模型

2.泡沫

卡纸是制作模型常用的面材，而块材最常用的要数泡沫材料了。泡沫材料在市场上非常常见，一般平面规格为1000毫米×2000毫米，厚度为3毫米、5毫米、8毫米、100毫米、200毫米不等。有时也可以将合适的包装泡沫拿来用。

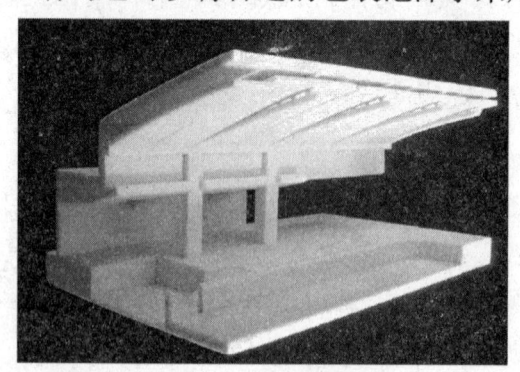

图6-75 泡沫建筑模型

用泡沫制作建筑的体块模型非常方便，厚度不够可以用乳白胶粘贴加厚。切割泡沫的工具有裁纸刀、钢锯、电热切割器等。

泡沫材料模型的制作省时省力，质轻不易受热受潮，容易切割粘贴，易于制造大型模型，且价格低廉。缺点是切割时白沫满天飞，相对面材而言不易做得很细致。

3. 有机玻璃

有机玻璃也叫作哑加力板，常见的有透明和不透明之分。有机玻璃的厚度常见的有1～8毫米，其中最常用的为1～3毫米厚度的。有机玻璃除了板材还有管材和棒材，直径一般为4～150毫米，适用于做一些特殊形状的体形。

有机玻璃是表现玻璃及幕墙的最佳材料，但它的加工过程较其他材料难，因此常常只用于制作玻璃或水面材料。有机玻璃易于粘贴，强度较高，制作的模型很精美，但材料相对价格较高。

有机玻璃的加工工具可以选用勾刀、铲刀、切圆器、钳子、砂纸、钢锯以及电钻、砂轮机、台锯、车床、雕刻机等电动工具。粘接材料可以选用氯仿（三氯四烷）和丙酮等。

图6-76 有机玻璃建筑模型

4. 塑胶板

塑胶板亦称PVC板，白色不透明，厚薄程度从0.1～4毫米不等，常用的有0.5毫米、1毫米、2毫米等。它的弯曲性比有机玻璃好，用一般裁纸刀即可切割，更容易加工，粘接性好。

在制作模型时一般可选用1毫米塑胶板作建筑的内骨架和外墙，然后用原子灰进行接缝处理，使其光滑、平整、没有痕迹。

最后可以使用喷漆工具完成外墙的色彩和质感。

塑胶板加工工具可以选用裁纸刀、手术刀、锉刀、砂纸等，粘接材料用氯仿和丙酮。

5. 石膏

石膏是制作雕塑时最为常用的材料，有时也在做大批同等规格的小型构筑物和特殊形体，如球体、壳体时使用。石膏为白色石膏粉，需要加水调和塑形。塑形模具以木模为主，分为内模和外模两种，所需工具为一般木工工具。若要改变石膏颜色，可以在加水时掺入所需颜料，但不易控制均匀。

6. 橡皮泥

橡皮泥俗称油泥，为油性泥状体。该材料具有可塑性强的特点，便于修改，可以很快将建筑形体塑造出来，并有多种颜色可供选择。但塑形后不易干燥。常用于制作山地地形、概念模型、草模、灌制石膏的模具等。

图 6-77　橡皮泥模型

二、设计模型的制作步骤

（一）准备制作工具及材料

绘图工具：绘图笔、钢尺、比例尺等。
切割工具：美工刀、线锯及锉、剪刀等。

第六章　环境艺术设计的表达技法

联结剂：502 胶、双面胶等黏合剂。

辅助工具：砂纸、手工及电动五金工具等。

（二）制作材料

金属或有机玻璃板、木板条、彩色硬纸板、塑料泡沫及 KT 板、金属或塑料线、固体石膏、橡皮泥、海绵、绒布等材料。

（三）制作模型的底盘，拷贝平面布局图纸

模型的底盘一般以木芯板为基面，在上面粘贴相应的模型底材，接着把模型的平面图拷贝到底面，刻画出指示线，把部件附着其上。

（四）修剪与裁剪、切割材料

切割材料时，根据材料的厚度进行数次划割，要准备锋利的刀刃和钢尺，避免产生粗糙的边缘。

（五）附着部件

大多数的材料能使用胶水或双面胶粘合起来，在结合点可以被隐藏的地方，可以使用别针固定。

（六）整合结构，装配组件

分别建立好部件后，把它们按照计划好的关系固定在适当位置上，恰当地装配组件，对齐边缘以求精确，对连接点进行细节处理并加固。

三、模型的制作方法

（一）卡纸模型制作方法

卡纸模型制作的流程与方法为：

（1）一般选用厚硬卡纸（1.2～1.8毫米厚）作为骨架材料，预留出外墙的厚度，然后用双面胶将玻璃的材料（可选用幻灯机胶片或透明文件夹等）粘贴在骨架的表面，最后将预先刻好的窗洞和做好色彩质感的外墙粘贴上去。

（2）将卡纸裁出所需高度，在转折线上轻划一刀，就可以很方便折成多边形。因其较为柔软，可弯成任意曲面，用乳白胶粘接，非常牢固。

（3）在制作时应考虑材料的厚度，只在断面涂胶。

（4）注意转角与接缝处平整、光洁，并注意保持纸板表面的清洁。

（5）选用卡纸材料做的模型最后呈一种单纯的白色或灰色。

由于卡纸模型制作使用工具简单，制作方便，价格低廉，并能够使我们的注意力更多地集中到对设计方案的推敲上去，不为单纯的表现效果和烦琐的工艺制作浪费过多时间，因此尤其受到广大学生的青睐。

（二）泡沫模型制作

在方案构思阶段，为了快捷地展示建筑的体量、空间和布局，推敲建筑形体和群体关系，常常用泡沫制作切块模型。这是一种验证、调整和激发设计构思的直观有效的手段。单色的泡沫模型，不强调建筑的细节与色彩，而是强调群体的空间关系和建筑形体的大比例关系，帮助制作者从整体上把握设计构思的方向和脉络。

泡沫模型制作的流程与方法为：

（1）估算出模型体块的大致尺寸，用裁纸刀或单片钢锯在大张泡沫板上切割出稍大的体块。

（2）如果泡沫板的厚度不够，可以用乳白胶将泡沫板贴合，所贴合板的厚度应大于所需厚度。

（3）当断面粗糙时，可用砂纸打磨，以使表面光滑，并易于粘贴。

第六章　环境艺术设计的表达技法

（4）泡沫模型的尺寸如果不规则，尺寸不易徒手控制，可以预先用厚卡纸做模板并用大头针固定在泡沫上，然后切割制作。

（5）泡沫模型的底盘制作可以采用以简驭繁的方法，用简洁的方式表示出道路、广场和绿化。

泡沫模型由于制作快捷，修改方便，重量又非常轻，因此常用于制作建筑的体块模型和城市规划模型，受到设计者的喜爱。

（三）坡地、山地的制作

比较平缓的坡地与山地可以用厚卡纸按地形高度加支撑，弯曲表面作出；坡度比较大的地形，可以采用层叠法和削割法来制作。

层叠法就是将选用的材料层层相叠，叠加出有坡度的地形。一般可根据模型的比例，选用与等高线高度相同厚度的材料，如厚吹塑板、厚卡纸、有机玻璃等材料，按图纸裁出每层等高线的平面形状，并层层叠加粘好；粘好后用砂纸打磨边角，使其光滑，也可喷漆加以修饰，但吹塑板喷漆时易融化。

削割法主要是使用泡沫材料，按图纸的地形取最高点，并向东南西北方向等高或等距定位，切削出所需要的坡度。大面积的坡地可用乳白胶将泡沫粘好拼接以后再切削。泡沫材料容易切削，但在喷漆时易融化。

四、配景的制作

建筑物总是依据环境的特定条件设计出来的，周围的一景一物都与之息息相关。环境既是我们设计构思建筑的依据之一，也是烘托建筑主体氛围的重要手段。因此，配景的制作在模型制作中也是非常重要的。

建筑配景通常包括树木、草地、人物、车辆等，选用合适的材料，以正确的比例尺度是配景模型制作的关键。

（一）树的制作

树的做法有很多种，总的来讲可以分为两种：抽象树与具象树。抽象树的形状一般为环状、伞状或宝塔形状。抽象树一般用于小比例模型中（1∶500或更小的比例），有时为了突出建筑物，强化树的存在，也用于较大比例模型中（1∶30～1∶250）。用于做树模型的材料可以选择钢珠、塑料珠、图钉、跳棋棋子等。

制作具象形态的树的材料有很多，最常用的有海绵、漆包线、干树枝、干花、海藻等等。其中海绵最为常用，它既容易买到，又便于修剪，同时还可以上色，插上牙签当树干等，非常方便适用。用绿色卡纸裁成小条做成树叶，卷起来当树干，将树干与树叶粘接起来，效果也不错。此外，漆包线、干树枝、干花等许多日常生活中的材料，进行再加工都可以制成具有优美形状的树。

图 6-78 模型树的制作

（二）草地的制作

制作草地的材料有：色纸、绒布、喷漆、锯末屑、草地纸等。锯末屑的选用要求颗粒均匀，可以先用筛子筛选，然后着色晒干后备用。将乳白胶稀释后涂抹在绿化的界域内，洒上着色的锯末屑（或干后喷漆），用胶滚压实晾干即可。

做草地最简单易行的方法就是用水彩、水粉、马克笔、彩

第六章　环境艺术设计的表达技法

铅等在卡纸上涂上绿色，或者选用适当颜色的色纸，剪成所需要的形状，用双面胶贴在底盘上。另外，也可以用喷枪进行喷漆，调配好颜色的喷漆可以喷到卡纸、有机玻璃、色纸等许多材料上。在喷漆中加入少许滑石粉，还可以喷出具有粗糙质感的草地。

（三）人与汽车的制作

模型人与模型汽车的制作尺度一定要准确，它为整个模型提供了最有效的尺度参照系。

模型人可以用卡纸做。将卡纸剪成合适比例和高度的人形粘在底盘上即可，也可以用漆包线，铁丝等弯成人形。人取实际高 1.70～1.80 米，女人稍低些。

汽车的模型可以用卡纸、有机玻璃等按照车顶、车身和车轮三部分裁成所需要的大小粘接而成。另一种更为便捷的方法是用橡皮切削而成。小汽车的实际尺寸为 1.77 米×4.60 米左右。在模型上多取 5 米左右的实际长度按比例制作。

参考文献

[1] 席跃良. 环境艺术设计概论 [M]. 北京：清华大学出版社，2006

[2] 郑曙旸. 环境艺术设计 [M]. 北京：中国建筑工业出版社，2007

[3] 冯美宇. 建筑设计原理 [M]. 武汉：武汉理工大学出版社，2007

[4] 吴家骅. 环境艺术设计史纲 [M]. 重庆：重庆大学出版社，2002

[5] 陆小彪，钱安明. 设计思维 [M]. 合肥：合肥工业大学出版社，2006

[6] 李晓莹，张艳霞. 艺术设计概论 [M]. 北京：北京理工大学出版社，2009

[7] 彭泽立. 设计概论 [M]. 长沙：中南大学出版社，2004

[8] 席跃良. 艺术设计概论 [M]. 北京：清华大学出版社，2010

[9] 凌继尧等. 艺术设计概论 [M]. 北京：北京大学出版社，2012

[10] 邱晓葵. 室内设计 [M]. 北京：高等教育出版社，2008

[11] 陆小彪，钱安明. 设计思维 [M]. 合肥：合肥工业大学出版社，2006

[12] 张朝晖. 环境艺术设计基础 [M]. 武汉：武汉大学出版社，2008

[13] 李蔚青. 环境艺术设计基础 [M]. 北京：科学出版社，2010

[14] 郝卫国. 环境艺术设计概论 [M]. 北京：中国建筑工业出版社，2006

[15] 李强. 室内设计基础 [M]. 北京：化学工业出版社，2010

参考文献

[16] 来增祥，陆震纬．室内设计原理 [M]．北京：中国建筑工业出版社，1996

[17] 吴昊．环境艺术设计 [M]．长沙：湖南美术出版社，2005

[18] 蔺宝钢，吕小辉，何泉．环境景观设计 [M]．武汉：华中科技大学出版社，2007

[19] 董万里，段红波，包青林．环境艺术设计原理（上）[M]．重庆：重庆大学出版社，2003

[20] 董万里，许亮．环境艺术设计原理（下）[M]．重庆：重庆大学出版社，2003

[21] 毕留举．城市公共环境设施设计 [M]．长沙：湖南大学出版社，2010

[22] 江湘云．设计材料及加工工艺 [M]．北京：北京理工大学出版社，2010